民族地区科普实践与探索

◆ 盘健斌　主编 ◆

广西科学技术出版社

·南宁·

图书在版编目（CIP）数据

民族地区科普实践与探索 / 盘健斌主编 . -- 南宁：
广西科学技术出版社，2024.12. --ISBN 978-7-5551
-2284-5
　Ⅰ. G322.0
中国国家版本馆 CIP 数据核字第 20246Y8P17 号

MINZUDIQU KEPU SHIJIAN YU TANSUO

民族地区科普实践与探索

盘健斌　主编

策划编辑：饶　江		责任编辑：马月媛	
装帧设计：梁　良		助理编辑：陆江南	
责任校对：方振发		责任印制：陆　弟	

出版人：岑　刚　　　　　　　　　出版发行：广西科学技术出版社
社　　址：广西南宁市东葛路 66 号　　　邮政编码：530023
网　　址：http://www.gxkjs.com

印　　刷：广西民族印刷包装集团有限公司

开　　本：787 mm×1092 mm　　1/16
字　　数：185 千字　　　　　　　印　　张：11
版　　次：2024 年 12 月第 1 版
印　　次：2024 年 12 月第 1 次印刷
书　　号：ISBN 978-7-5551-2284-5
定　　价：59.00 元

编委会

目 录

❖ 实践探索 ❖

❖ 他山之石 ❖

理论研究

弘扬科学谋发展　共唱民族团结歌

梧州市老科技工作者协会

梧州市老科技工作者协会（以下简称"梧州市老科协"）以习近平总书记对中国老科技工作者协会（以下简称"中国老科协"）三十周年的重要批示为遵循，带领广大老科技工作者，凝心聚力建设新时代中国特色社会主义壮美广西，努力实现中华民族伟大复兴中国梦。梧州市老科协遵循"助力梧州经济发展、助力科技创新、助力老科技工作者发光发热"的思路，在主动作为的同时，助力特色农业发展，注重民族团结，携手浇开幸福花。

一、提高站位除干扰，主动作为谋发展

（一）认真学习，提高站位

梧州市老科协认真学习习近平总书记关于中国老科协三十周年的重要批示和习近平新时代中国特色社会主义思想，提高政治站位，自觉做到思想领先，牢记使命，不但要把梧州市老科协建设成为弘扬和践行社会主义核心价值观的坚强阵地和正能量的凝聚地、释放地，而且要在助力梧州经济社会和发展，促进各族人民大团结，构建利益共同体、实现乡村振兴中发光发热。

（二）增强意识，排除干扰

弘扬科学精神、培养科技人才、加强科协服务、提高全民科技水平，是实现中国式现代化不可或缺的重要条件，在经济文化人才资源相对较少的民族地区尤为重要。梧州市受到地理环境的限制，少数民族人数少、分布"边、山、散"，交通不方便，科技资源匮乏。但在民族大团结、共唱发展歌中，不能没有梧州市老科协的声音。梧州市老科协积极排除干扰，凝心聚力建设新时代中国特色社会主义壮美广西，为实现中华民族伟大复兴的中国梦，与少数民族群众携手共进。

（三）牢记使命，主动作为

梧州市老科协在工作中，提出要注意多考虑民族区域的因素，做到有考虑、有计划、有安排、有落实。

二、科技助力创特色，众手浇开幸福花

梧州市特有的自然、人文条件，孕育出众多的特色农产品。梧州市老科协积极唱响科技助力梧州特色农业发展之歌，努力实现"五十六个民族，同心浇开幸福花"。

（一）助力梧州市六堡茶产业高质量发展

梧州市苍梧县六堡镇是汉族、瑶族共居的边远山区，其因独特的绿水青山，能产出"红浓陈醇"的特色农产品——六堡茶。

围绕梧州市委、市政府大力发展六堡茶战略，梧州市老科协主动作为，着力发挥好会员的潜力，助力六堡茶产业高质量发展，让六堡茶香飘世界，造福当地群众。

（二）主动提供智力支持

为了促进六堡茶产业科学发展，梧州市老科协不仅提供科学咨询、组织老专家撰写了6篇文章建言献策，还组织了相关的学术研讨会。2021年以来，梧州市老科协先后与梧州市科学技术协会、北京观测点农业服务中心共同邀请农业农村部、广西林业科学研究院、广西科学院生物技术研究所及梧州市相关专家，围绕六堡茶科学发展举办了三次学术研讨会，提出了一批建议并建立了技术指导关系；针对六堡茶茶园建设、科学管护、防病虫害的要求与劳动力缺少的矛盾，组织了推广无人机农林服务的学术研讨会。

（三）以老带新承传统，民族携手茶飘香

1.传承制作工艺

现任梧州市苍梧县六堡镇黑石山茶厂技术总监韦洁群，是梧州市老科协会员，也是六堡茶制作技艺国家级代表性传承人、中国制茶大师、广西工匠。在梧州市老科协领导的支持鼓励下，韦洁群一直悉心培养女儿石濡菲。而石濡菲也不负期望，她荣获"自治区级非物质文化遗产六堡茶制作技艺项目代表性传承人"称号。为了让当地群众们掌握六堡茶传统制作技艺，母女俩坚持每年开设培训班，从种植、采茶、茶园管理、制茶技艺等方面，向他们传授传统的制作技艺，累计培训超过300人。

2.扩大六堡茶产能

韦洁群母女以"公司＋农户"模式扶持49户农户手工制茶，依托合作社培养多名传统制茶能手，建设形成了茶叶基地2000亩。

3.组织服务进茶园

梧州市老科协不仅组建了农业专家委员会，还组建了由郭维森、利丽群、杨光西

等人组成的老专家团队，以"现场＋微信"指导的形式，长期为当地群众提供茶树种植、管护、病虫害防控全程服务。

（四）助力发展"夏宜红"

梧州市老科协领导在深入蒙山县夏宜瑶族乡调研中，发现了极有发展潜力的瑶山"夏宜红"茶，其品质可以媲美著名的"英红9号"。梧州市老科协及时送去"定标准、保质量、创品牌、扩规模"的"金点子"，并对接专家团队，提供相关的技术服务和支持扶持，让瑶族乡亲"抱住金娃娃"。

三、科普活动进校园，民族区域育新苗

"科普进校园"是梧州市老科协坚持多年的品牌，目的是普及科学技术、弘扬科学精神。为了让地处边远区域学校的孩子了解现代科技发展、近距离接触科技产品，梧州市老科协克服各种困难，深入蒙山县夏宜瑶族乡民族学校开展科普活动。这些科普活动受到了师生的热烈欢迎和好评，有效地弘扬了科学精神，是民族区域培育新生力量的有力举措。

四、热诚服务暖人心，架桥铺路促创新

在"助力科技创新"中，梧州市老科协热诚服务少数民族会员，鼓励他们多创新、出成果。瑶族会员毛素梅长期从事灵长类实验动物繁殖开发，带领团队努力攻关，取得了一批科研成果和技术专利，其所在的单位成为我国新药研发临床试验实验动物的提供单位。毛素梅还与国内多家单位合作，如与中国军事医学科学院在内的科研院校（所）合作研发新药，为开发急需的抗疫疫苗提供支持。毛素梅加入梧州市老科协后，领导从多方面关心、帮助她，使之创新活力倍增，她所承担的"广西食蟹猴实验动物健康养殖疾病防控关键技术创新与应用"项目荣获广西科学技术进步奖三等奖。

科普之花盛开在民族自治县美丽校园

——龙胜各族自治县"校园科普"助力各族青少年茁壮成长典型案例

龙胜各族自治县科学技术协会

龙胜各族自治县是我国中南地区最早成立的少数民族自治县，有壮、汉、瑶、苗、侗5个世居民族。截至2023年，全县总人口17万人，其中少数民族人口占总人口的80%以上，是一个民族风情浓郁的地区。龙胜各族自治县科学技术协会（以下简称"龙胜科协"）深入贯彻落实《全民科学素质行动计划纲要（2021—2035年）》，把校园科普作为提升青少年素质教育的重要抓手，进一步培养青少年学科学、爱科学、用科学，培育科学精神，激发其探索科学奥秘的热情。通过不断创新和完善校园科普的活动形式及内容，让科普之花在龙胜各族自治县校园的各族青少年中悄悄盛开，助力全县人民科学素质提升。

一、加强组织建设，凝聚校园科普的强大合力

为使校园科普工作在全县2所高中、3所初中、12所小学中全面铺开，龙胜科协与龙胜各族自治县教育局每年年初都会组织各学校校长召开碰头会，制订全年工作详细计划，确保校园科普工作纳入学校教学规划。同时，龙胜科协充分发挥作为全民科学素质工作领导小组办公室的组织推动作用，协同全民科学素质工作领导小组成员单位，充分发挥各部门的职责，种好本部门"责任田"，确保各部门针对校园科普工作的开展，齐头并进。

二、整合科普资源，多样化开展科普进校园活动

龙胜科协积极抓好全县"少数民族科普工作队"项目的实施，加强与科普示范学校的联系、跟踪服务和指导工作，发挥科普示范带动作用；积极深入协会和学校开展调研，了解校园科普工作开展情况，整合科普资源，助力校园科普工作。

（一）积极开展科技运动会及民族文化传承活动

2022年1月7日，龙胜各族自治县举办2022年八桂科普大行动龙胜活动启动仪

式暨龙胜民族中学科技运动会、民族文化展示活动，本次活动共有三个部分。一是科技运动会，通过科技竞技项目让学生切身感受科学的力量，更好地认识物质的本质和规律，让学生在一次次的实验探索中不断加深对科学概念的理解，使学生的探究能力、情感态度、科学知识都得到发展。二是民族文化现场展示，通过现场制作民族手工艺、绘画、书法和教师集体展示饮食文化传统手工艺等方式，让学生能够更近距离地接触、了解和探索民族文化，激发学生对民族文化的好奇心，推动民族文化在传承中创新。三是学科知识竞答，通过学生自由到各学科教师处领取学科知识问答题目并进行解答，教师以给予学生一定奖励的方式，激发学生的学习动力，让学生在竞答中巩固所学知识，提升学习兴趣；教师也在活动中更了解学生，拉近了师生间的距离。

（二）积极践行"科创筑梦，助力'双减'"科普行动

龙胜实验中学积极响应号召，为有效减轻义务教育阶段学生过重的作业负担和校外培训负担（以下简称"双减"），于2022年6月广泛开展"科创筑梦，助力'双减'"科普活动。6月7日，在校阶梯教室开展了"科创筑梦·青少年FAST观测方案征集活动"的培训，共有180余名学生参加。同时，学校组织学生参加"2022年广西公民科学素质网络竞赛"，倡导学生利用周末时间积极答题，学习科学知识。6月13日以来，龙胜实验中学组织全校各班观看《科学人生·百年》院士风采展，学生在老一辈科学家的生平事迹和波澜壮阔的科技壮举中追寻科学大师的足迹，深刻了解到老一辈科学家是怎样成长成才、取得科学成功的，开阔了自己的科技视野。

（三）积极开展青少年科学调查实践教学活动

为开阔学生视野，在2022年全国科普活动日之际，龙胜民族中学科普社团师生一行十几人，深入原始森林，开展青少年科学调查实践教学活动。师生探访了世界珍稀植物——银杉，调查树龄2000多年的"铁杉王"；通过对素有"南国瀑布之乡""动物王国""花的世界"之称的龙胜各族自治县两大原始森林的科学实践调查，感受到了大自然的鬼斧神工。理论与实践相结合开展科学实践活动，不仅调动了青少年学习科学的积极性，加深青少年对动植物科普知识的认识与了解，而且让青少年学会与自然和谐相处，明白保护生态的重要性。

三、深化课程改革，结合科普知识开展教学

（一）充分发挥各类科普阵地作用，开展科普宣传教育

结合科普知识进行教学，不但有利于深化课程改革和完成课程目标，而且有利于

提高各族青少年科学素质，增强科学意识和创新能力。一是充分发挥各类科普阵地的作用。青少年活动中心、实验室、科普基地等场所，是对青少年进行科普宣传、开展科普活动、实施科普教育和培养科学精神的重要阵地。二是积极鼓励科普爱好者投入科普作品创作中，让科普作品真正成为青少年乐于接受科学知识的载体，成为青少年走进科学、领悟科学的道具。2022年，龙胜中学正式创立龙胜中学科技社团，调动了学生学习科学知识的积极性。与此同时，学校还利用电子屏展示科技、科普知识，做好多方面的科普宣传。科技社团的成立培养了学生创新精神和实践能力，丰富了校园课外活动，鼓励学生多思考、多实践，让学生勇于进行科技创新。

（二）挖掘少数民族文化，开展少数民族文化科普教学

为深化课程改革，龙胜各族自治县各学校深挖少数民族文化，将少数民族文化科普列入青少年教育工作中。龙胜泗水小学、龙脊小学将刺绣、唢呐等民族技艺传承走进课堂；红军小学、乐江小学、瓢里中心小学将琵琶、芦笙的学习列为教学内容之一；龙胜小学将侗歌的传唱带进了课堂；龙胜实验中学、龙胜民族中学将大象拔河、板鞋、背篓绣球、高杆绣球等列入校运会项目。少数民族文化进课堂使青少年既传承了少数民族文化，又让青少年对少数民族文化中所蕴含的科技知识产生了好奇心，进一步激发了各族青少年学科学、爱科学、用科学的兴趣，同时通过对本民族文化的科普，让

新时代文明实践志愿服务流动科普深入龙胜红军小学开展联合行动

全县青少年加深对本民族的认识。

四、培养科普智囊，加强学校科技教师队伍建设

一是组织广西科技馆及相关师资力量对全县学校科技教师进行培训，加强其业务能力；二是开展校园科技运动会，为全县科技教师搭建交流学习的平台，努力培养科技教师的科学创新精神，加强学校科技教师队伍建设，打造一支不撤退的校园科普尖兵。

平等小学将非遗——侗族草龙制作搬进课堂

十年科普边疆行　素养提升促发展

——百色市科普大篷车边境行走深走实

韦满

（百色市少数民族科普工作队）

百色市科学技术协会（以下简称"百色市科协"）认真贯彻落实《中华人民共和国科学技术普及法》和《全民科学素质行动规划纲要（2021—2035年)》精神，加强工作指导，深化市县联动，搭建流动科普服务平台，打造特色科普品牌，深入实施科普兴边富民工程，积极为经济社会发展服务，为提高全民科学素质服务，切实增强科普公共服务能力，提高科普为民服务水平，特别是边疆民族地区科普大篷车巡展工作取得了一定实效。

一、加强领导，搭建特色流动科普平台

百色市科协积极优化配置各级各类科普资源，以科普大篷车为重要抓手，全力打造"微型流动科技馆"科教平台；进一步完善现代科技馆体系建设，积极开展互动性、体验性、趣味性的青少年科技教育活动，让广大青少年在科技实践中体验、在实践中创新、在创新中成长，有效弥补了百色市边境地区科普资源短缺、城乡科普资源不均衡的劣势，提高了百色市公民科学素质水平。

（一）提供"保姆式"服务，指导做好科普大篷车申报工作

百色市科协紧密结合上级科协部门工作部署，及时下发相关文件，统筹边境地区人力、物力和财力，为科普大篷车申报工作创造便利条件。截至2015年，百色靖西市、那坡县完成配备科普大篷车工作。

（二）提供"点单＋派单"式服务，指导做好科普大篷车管理工作

百色市科协指定专职人员以"线上＋线下"的方式分享科普大篷车、展品维护的工作经验，并建立常态化巡展工作机制，定期开展市、县两级科普大篷车边境行巡展活动。

二、精心组织，开创巡展工作新局面

百色市科普大篷车持续发挥科普大篷车在基层服务乡村振兴和推进科普服务公平普惠中的重要作用。截至 2022 年底，百色市共有各类科普大篷车 6 辆。十年来，累计开展科普走基层巡展活动超 500 场次，活动里程数约 4 万公里，受众人数超 50 万人次，其中边疆行巡展活动超 150 场次。这些活动将科学教育送到乡村、学校、街道、社区，并在偏远地区搭建"零距离"科学知识体验平台，对提高边疆民族地区公民科学素质水平和促进民族团结进步起到积极作用。

（一）科普方式多样化

百色市科协坚持"以巡展促学、促教、促创"的原则，在及时更新车载科普展品、展板资源的基础上，引入航模展演、机器人表演、科普秀、航天模型制作体验等内容，构建多元化科普资源供给新格局，增强了人机互动体验感受，满足了群众多元化科普需求，提升了科普活动质效。2017 年起，百色市科协通过购买科普服务的形式引入战斗机模型飞行展示、无人机编队展演、机器人（狗）展示、北斗航天主题系列体验等活动，获得了群众、学校师生的认可和好评。

（二）科普活动协作化

百色市科协持续深化"大联合、大协作"工作机制，积极构建大联合、大协作、社会化的大科普工作格局，充分发挥自身的主导作用，与各方科普资源共建共享；联合科技、教育、民委、农业等相关部门参加巡展活动，创建"科普 +"特色品牌。十年来，自治区、市、县三级科协持续开展的"兴边富民"科普大篷车千里边关行活动已经超 100 场次。一是向边境县、乡镇，以及街道社区宣传《低碳与生活》《科学生活知识读本》《卫生保健知识读本》《家庭保健知识读本》等科普图书；二是采取"科普大篷车"巡回服务，通过在街道展示科普展品、播放科普宣传片等群众喜闻乐见的方式，面对面地开展服务，让参与群众切身体验科普的魅力，满足其对科普知识的需求；三是根据不同村情，聘请畜牧养殖、果树种植、蔬菜管理等方面农业技术专家开展"科技助力乡村振兴"培训活动，包括举办实用技术讲座、现场技术指导及咨询等服务，以此培养和造就新型农民。2023 年 2—3 月，百色市科普大篷车开展"践行新时代科技为民志愿服务活动"，以实际行动弘扬新时代雷锋精神；在百色市科普教育基地——靖西市壮锦厂开展"壮族织锦技艺"培训；在靖西市渠洋镇怀书村大果山楂种植示范基地和靖西市魁圩乡那些村开展实用技术培训 5 期；在靖西市龙邦镇中心小学、那坡县九年一贯制学校等 4 所学校开展科普大篷车进校园巡展活动。

（三）科普活动载体多元化

除常规巡展活动外，百色市科普大篷车还高度配合中国科学技术协会（以下简称"中国科协"）完成"喜迎二十大·科普新征程"——广西流动科普设施联合行动边境行活动，"小村庄的太空梦"——科普大篷车那坡站联合行动，2018年"圆梦工程"——广西农村未成年人科普志愿行动靖西、那坡巡展，中国科协——联合国儿童基金会农村青少年与非正规教育项目及系列科普活动（靖西）等多个特色品牌活动；同时，积极组织靖西市、那坡县超4000名中小学生观看"全民的科学中心"全国科技馆联合行动——航天科普系列主题活动等各类线上直播活动。

三、认真总结，提高科普大篷车服务水平和展教能力

科普大篷车巡展活动是开展校园、社区、乡村科普工作的一种很好的方式，有效解决了城乡之间、区域之间资源不均衡、不匹配的问题，充分发挥了科普大篷车的宣传教育作用。经多年探索，有如下几点启示。

（一）提高认识，加强组织领导

政府要高度重视科普工作的重要性，并成立科普宣传专班。同时，要由科协牵头，统筹教育、科技、团委、民政、农业等部门，搭建科普宣传资源平台，开展科普宣传教育活动，最大化地调动一切资源推动科普宣传工作落地。

（二）精心谋划，规范开展巡展

要规范大篷车巡展活动，落实大篷车管理工作，组建大篷车科技志愿者团队，并结合日常工作及全国科普日、科技活动周等各类主题宣传活动进行统筹安排，同时制订年度工作计划，形成常态化巡展机制；积极对接各级科协，做好科普大篷车申报的协调工作，定期对车载展品进行维修、培训。

（三）重视回访，认真听取建议

要加强对大篷车巡展活动开展情况的回访调查，对收集的意见和建议进行分类汇总，深入分析活动各环节成功或失败的原因，做好反思和总结提升，进一步明确公众需求，并针对不同人群，采用灵活多样的巡展方式，提升科普宣传时效性和针对性。

（四）积极宣传，提升社会影响

要建设科协、科技馆科普宣传网站，树立社会形象，建设与时俱进的科普宣传阵

地;打造科普大篷车专题宣传活动品牌,充分利用电视、广播、互联网等渠道及时宣传科普大篷车巡展活动成效,形成全社会主动参与科普的良好氛围。

下一步,百色市科协将继续发挥科普大篷车流动科技馆功能,将科普大篷车巡展作为科学普及的一个重要手段;紧紧围绕大型宣传活动、各类主题活动及日常工作,以新时代文明实践科技志愿服务活动为载体,将科普知识带到校园、社区和乡村;在弘扬科学精神、传播科学思想、激发科技创新上贡献科技智慧,在引导群众、教育群众、服务群众上贡献科协力量。

论少数民族科普工作队在助力
脱贫致富工程中的六大作为

韦微

（来宾市科学普及工作站）

在党的坚强领导下，我国脱贫攻坚工作取得全面胜利，现已进入乡村振兴阶段，科普事业也从助力乡村脱贫工作进入助力乡村振兴阶段，科普工作有了更大的用武之地。根据党中央重要指示精神，要防止农民返贫，使农民远离贫困线，稳固脱贫成果，少数民族科普工作队就要考虑到民族地区的特殊性，深入助力脱贫成果的巩固和农民生产生活提质增效的总体战。

本文结合广西来宾地区少数民族脱贫前后的实际情况，试提出少数民族科普工作在脱贫致富工程中的六大作为，以供同行们参考，为推进科普事业发生良好的质变贡献力量。

一、宣传脱贫致富能手，激发周围贫困户脱贫致富的内生动力

贫困户无法脱贫的原因除了缺技术、缺资金等，还有一个重要的原因是脱贫致富动力不足。因此，少数民族科普工作队（以下简称"少普队"）在向农民普及农业技术的同时，需结合当地的脱贫致富典型案例开展科普工作，在科普农业技术的同时，通过正面的案例激发周围农户的内生动力，使科普工作更深入地配合扶贫部门开展工作，切实助力民族地区脱贫工程。例如，广西来宾市蒙村镇盘龙村的农户王恩长在 2014 年被确立为建档立卡贫困户，虽然当时家里主要劳动力只有他一个，但是他没有被命运打倒。王恩长摒弃了"等、靠、要"的思想，他有着强烈的脱贫致富内生动力，从初期代销化肥到后期发展特色水果产业，他坚持努力学习相关科学的种养知识和护理技术，把自家的水果产业做大做强，逐步成为当地有影响力的致富能手。对于这个由贫困户转变为致富能手的成功案例，可结合农业产业技术普及活动在本市周围民族地区进行宣传。这样源于贫困户群体的例子有着极大的榜样效应，容易激发广大群众脱贫致富奔小康的内生动力，使少数民族科普工作迈向新的台阶。

二、搭建转化互通的桥梁，促进农业科技成果与少数民族农民深入融合

农业科学技术日新月异，如果这些技术成果能转移到农民手里，由农民将其转化为农业市场成果，并向市场提供高产量、高品质的农产品，这将有助于农民增收致富，能更有效地助力脱贫工程。由于地理距离等原因，农民与农业科技工作者之间还是存在着各种各样的交流障碍，民族地区的农民很难找到高效并符合当地生产实际的科技成果。作为少普队，应该在农民和农业科技工作者之间架起沟通桥梁，并在开展科普活动前全面深入了解何种科技成果项目在当地有实施的可能。若农民正在进行的项目存在困难，少普队应及时反馈到农业等部门，并请有关部门专家出谋划策，提供有关知识和技术，为农户的动植物育种、种植养殖、病害预防救治、产品加工及储藏等方面的实际需求提供快速有效的支撑。同时，少普队在科普活动中运用接地气的、符合当地少数民族农民语言形式和文化风俗习惯的方式开展画册、视频、读物、板报、实物模型等进村入户活动，帮助广大少数民族农民更好地理解、操作先进新型的农业技术成果，使他们的产业做到稳定发展，农作物质量和产量稳定可控，劳动成果能有效步入市场。

三、提高理论实践的水平，加强联动开展少数民族科普活动能力

在来宾市，农民主要种植甘蔗、水稻、水果，以及养猪等。由于缺乏相关的种养理论，农民对产业技术理解不透，特别是建档立卡贫困户。由于在生产操作中出现各种偏差，使得农民在产业活动中出现调查产情困难，对各种问题判断困难或者失误，这极大地限制了产业的规模和质量。可见，技术理解力的低下正是脱贫致富的堵点和卡点。例如，2019 年非洲猪瘟的传播，使来宾市农村地区多数养殖户损失惨重，因此市场肉猪价格变得虚高，极大影响了广大居民的生活。如果当时养殖户掌握相关的技术，那么在病毒传播时养殖户们可以迅速而准确地做出应对，尽量保住各自猪场幼猪和肉猪的生命与健康，损失将得以大大减少。提高农户的产业理论及种养技术的水平十分重要。在科普实践中，少普队可以从农业专家那里取得理论和技术资源，并在农业专家的指导下，利用针对本地产业的系列理论和技术传播的载体，例如画报、视频、读物、挂图等，并结合广大少数民族农民的文化水平和理解能力，做好科普路线和运作方式规划。

四、培养民族地区效率效益的意识，统筹安排生产经营活动

如今，"农民"二字已经被赋予了新的时代内涵。少普队工作重点在农村，面向的是广大民族地区的群众，需配合政府的主导工作，联合各个相关部门，力争把农民朋友提升为新时代的农民。我们应该提升其相应的科学素养和产业技能，使他们变成有文化、懂技术、会经营并善于管理的新型农民，并在众多部门的合力推动下，使农民变成专业化的职业，同时使农民生产经营活动达到一定的现代化水平。根据实际调查，当前许多地方的农民，包括建档立卡的农村贫困户，系统（工程）观念薄弱，生产活动总体规划性差，几乎没有生产行为的效率和效益标准，习惯固守旧的思维模式和重复传统的生产经营模式，对生产经营活动中的难点认识模糊。例如，某些农民花太多时间经营过于分散的项目，几乎事事亲力亲为，在某些低端环节消耗过多的时间，造成总体收入偏低、效率极其低下的情况，这就是隐形的致贫根源。作为深入一线的少普队，应该协助有关部门帮助民族地区农民去发现自身的低效益行为，为他们提出可行的整改意见。在科普工作中可用对比的手法分析和宣传典型案例（包括正面案例和负面案例），同时结合案例宣传向农民灌输系统观念，帮助他们逐渐建立实用的系统筹划思维。

五、传授产业安全系列知识和技能，坚实保护农民各类产业

在生产经营活动中，农民特别依赖自然因素，所从事生产的环境基本上受天气和地质状况制约。如果天气条件极端异常，或者发生特殊地质事件，如地震、滑坡、泥石流等，则他们的生产经营成果将很容易遭受毁灭性打击，甚至血本无归、一蹶不振，这是脱贫致富工程里不可忽视的因素。相对来说，民族地区的农民文化水平还比较落后，生产安全意识比较薄弱，加上生产活动中安全保护措施的缺乏，容易发生生产安全事故。这些生产安全事故往往导致农民返贫，是脱贫致富工程的一大拦路虎。为了全面助力脱贫致富工程，更好地服务广大民族地区的农民，少普队在开展科普活动过程中，要加强气象和地质方面的识灾、防灾知识的宣传，并联合有关部门进行避灾、防灾训练，使农民学会生产自救。在一系列科普工作中调查农村生产安全方面的各种隐患，收集案例，向农民强调安全的重要性，使他们掌握必要的安全规程，并且引导他们自觉地重视安全学习和演练。

六、培育民族地区农民的市场眼光和市场知识，灵活进行生产经营活动

由于历史等原因，传统农民习惯一成不变的种养模式，或者盲目跟风经营。他们并不了解市场，目光只是盯在具体的生产活动上。如果市场稳定，他们还能有良好收效，销路不愁，产而有成；如果市场动荡，发生供大于求的情况，则十分容易受到冲击，轻则价低亏本，重则产品滞销。作为服务于广大民族地区农民的少普队，应该与时俱进，在过去重在普及一般科学知识和技能的基础上，深入了解他们的需要，普及必要的市场营销知识，邀请农业市场专家和农业经营成功人士培训普通农民的市场眼光，培养他们分析市场和正确决策的素质，教会他们必要的电脑技能，使他们进入电子商务领域，自主地开展产品的营销。例如，来宾地区农民所种植的砂糖橘在 2016 年其市场已处于十分饱和的状态，价格波动极大，甚至出现没有老板到田间收果的情况。如果水果产地的农民能很早地进行市场观测并做出预先性判断，那么将有相当多的果农能及时调整水果种植项目，减轻受到的冲击和影响，使他们的收入得到更好的保障。

以上所述的民族科普工作任务提示着我们应该逐渐从主要关注一般认识意义的科技素质提升，即一般科学知识、科学方法、科学精神的科普传播，转向特别关注科普施行民族地域的产业发展等问题。在党中央的坚强领导下，要发挥少普队的服务优势，切实展开上述探讨的几个方面科普工作内容和任务，助力农村民族地区的脱贫致富工程。

以民族科普活动谋团结进步篇章

张健梅

（广西玉林市科学技术协会）

玉林市科学技术协会（以下简称"玉林市科协"）认真贯彻落实习近平总书记关于民族工作的重要论述和重要指示精神，以铸牢中华民族共同体意识为主线，紧紧围绕"共同团结奋斗、共同繁荣发展"的民族工作主旋律，将科普工作和民族团结进步创建工作融合开展，把民族团结工作融入科协业务工作中。玉林市科协一手抓科普工作，一手抓民族团结进步，多措并举，不断巩固和发展平等、团结、互助、和谐的社会主义民族关系，不断推动民族团结进步创建向更深层次、更高水平、更广领域扩展，有力地促进了民族团结进步、社会和谐发展。

作为科技工作者之家，玉林市科协将人才培训推优项目向民族地区倾斜，鼓励少数民族科技工作者参与"最美科技工作者"、广西企业"创新达人"等评优活动。玉林市兴业县是壮族的聚居地之一。玉林市科协充分利用"科普惠农兴村计划"项目，使科普进乡村、进校园活动等各项资源向民族地区倾斜，支持地方建设科普示范学校、青少年科普教育基地、青少年科学工作室、民族中学科技馆。同时，玉林市科协开展共建活动、公民科学素质培训及民族政策宣传，指导玉林市容县、陆川县、博白县、兴业县四个县创建"全国科普示范县"，同时不断加强自身队伍建设，重视少数民族干部的培养。

一、民族团结科普"进校园"，提升素质强基础

玉林市科协联合市委统战部到兴业县要古村小学开展"科技为民——我为群众办实事"暨快乐科普进校园活动，并分发科普资料，宣传民族政策，普及科学知识；联合玉林市相关政府部门到兴业县蒲塘镇龙旗小学开展科普进校园活动，给学校送去科普书籍、体育用品等物资，在龙旗村村委会开展党的十九大宣讲活动；把科普大篷车开进偏远的壮乡小学——兴业县山心镇石柜村小学开展科普活动，激发壮族农村孩子的科技兴趣，启迪他们的创新意识，开阔他们的视野，加深他们对民族知识和民族团结重要性的理解。2023 年 3 月 10 日，玉林市科协联合广西科技馆、兴业县科学技术协会到兴业县民族中学开展"第九届全国青年科普创新实验暨作品大赛广西赛区校园

宣讲会""科技秀"等活动，科普志愿者现场进行"消失的颜色""掌中火""瓶子吹气球""烟雾秀"等科普表演，并对实验原理进行讲解；引导学生参与"掌中火"表演，让学生在实操中体会科学的奥秘，启迪广大学生的创新思维，开阔学生的视野，激发学生"学科学、爱科学、用科学"的热情，弘扬民族团结之风，进一步提升了各族学生的科学素质。

二、民族科普活动"进村社"，共建繁荣促和谐

玉林市科协积极开展志愿服务活动，联合中华志愿者协会应急救援志愿者协会、玉东人民医院等单位到玉林市玉东新区茂林镇东岳社区开展"邻里守望　情暖社区"新时代文明实践志愿服务活动，为居民发放民族团结科普宣传手册；联合玉林市玉东新区社会事务局等单位开展科普进金桂丽湾社区活动，以及联合玉林市玉东新区党群工作部把科普知识送到东方湖岸小区；多次到北流市民乐镇萝村开展了科普进乡村、植保无人机助力古荔枝树管护等活动，赢得了广大群众的好评；在各活动中向广大村民群众宣传与少数民族相关的政策法规，发放宣传资料，把党的民族宗教政策、法律法规和全国民族团结进步创建工作开展情况纳入科普宣传活动内容，并利用科普大篷车悬挂标语横幅、车载喇叭、无人机喊话等形式进行广泛宣传，营造了良好创建工作氛围；通过建立"民族传声筒"推动各民族相互"交互式"发展，使各族群众"交得了知心朋友、做得了和睦邻居"，极大地维护了民族团结，促进了社区的和谐平安建设，推进了文明村社创建。

三、科技助力民族团结"进公众场所"，创新宣传入民心

玉林市科协通过线上、线下多渠道广泛宣传民族团结进步工作，结合全国科普日、八桂科普大行动、科技"三下乡"等科普活动时间节点，在宣传科技知识、实用技术的同时，依靠科普大篷车广泛宣传党的民族政策和法律法规、民族团结知识、民族团结模范事迹；在玉林市民族中学建设民族团结教育阵地，筑牢民族科普阵地；利用无人机和机器狗在公园、广场、小区等区域进行科技化、立体化的科普宣传，达到节约人力、覆盖面广、安全、高效的效果，为创建全国民族团结进步示范市工作添光增彩；通过玉林新闻网、"科普玉林"微信公众号等多个平台推送民族团结进步主题文章20多篇，在全市范围内营造了良好的民族团结氛围。

四、科技培训"进民族学校"，点燃梦想向未来

玉林市科协指导玉林市民族中学开辟了"创客空间""科技园"等功能室，为学生提供专业的科技指导；还成立了机器人社团，并配备青年教师对学生进行一对一的指导。每周三是机器人社团的社团日，晚自习时，社员和教师会一起钻研"中小学电脑机器人创客大赛"的项目，为比赛做好充足的准备。玉林市民族中学的朱品好、庞家奇两名学生获得"第 20 届广西青少年机器人竞赛暨东盟国家青少年机器人邀请赛（线上项目）"初中组优秀奖，梁盛祥获初中组三等奖。

习近平总书记指出，各民族共同团结进步、共同繁荣是中华民族的生命所在、力量所在、希望所在。玉林市科协将以党的二十大精神为指引，深入贯彻落实习近平总书记关于加强和改进民族工作的重要思想，紧紧围绕"中华民族一家亲，同心共筑中国梦"的总目标，结合职能工作，发挥部门资源优势，积极参与玉林市创建全国民族团结进步示范市工作；充分发挥科普优势，组织深入乡镇（街道）、校园等广泛开展科普志愿服务、科技培训等活动，加大民族团结进步工作宣传力度，奋力谱写民族团结进步事业新篇章。

科普活动走进北流市民乐镇萝村

科普活动走进兴业县山心镇高田小学

民族团结宣传活动进社区

创新科普特色　努力提升全民科学素质

韦虹

（河池市宜州区科学技术协会）

河池市宜州区深入贯彻实施《中华人民共和国科学技术普及法》和《广西全民科学素质行动规划纲要（2021—2035 年）》，全面推进贯彻实施全民科学素质行动计划，以全国、自治区文明城市创建为契机，不断创新科普工作方法，并采取有效措施开展丰富多彩的科普系列活动，形成覆盖面广、参与度高、内容丰富、影响深远的科普品牌活动，为提升全民科学素质提供有力的智力支撑。

一、提升服务能力，实施科学素质大行动

（一）积极开展青少年科学素质提升工作，为激发青少年科技创新活力服务

河池市宜州区科学技术协会（以下简称"河池市宜州区科协"）不断创新模式，突出特色活动品牌，将科普品牌活动常办常新，邀请科普专家到各学校进行防溺水、防灾减灾、近视防控等科普宣讲 40 多场次，参与学生 2 万多人；指导河池市宜州区第一小学、第二小学、实验小学等学校开展"青少年数学科技文化节""童心向党"科普文化活动，并形成科普工作品牌，科普特色学校学生参与科普活动率 98% 以上；组织青少年参加"第 20 届广西青少年机器人竞赛暨东盟国家青少年机器人邀请赛"（线上项目）获佳绩，共荣获奖项 38 个；组织各小学参加首届广西青少年数学科技文化节的决赛项目，共获得奖项 29 个，其中华容道项目（3～4 年级组）获一等奖 3 个。

（二）积极开展农民科学素质提升工作，为提高广大农民科学素质服务

河池市宜州区科协充分发挥科普志愿者服务团队在农民科技培训中的积极作用，制订培训计划、教学大纲，组织开展多种形式的农民实用技术培训和科学文明生活方面的科学素质教育，积极为农村经济快速发展服务。河池市宜州区科协创新科普服务模式，联合农村专业技术协会开展助春耕科技志愿服务系列活动，到安马乡、同德乡、石别镇、德胜镇加保村等地开展"科普专家走基层"科技志愿服务，把科技送下乡，

为群众提供种养技术咨询服务和培训，让群众在家门口就能享受到免费的农技服务，这进一步增强了群众的农业科技知识，形成了"专家传大户、大户帮小户、一户带一户"的"传、帮、带"服务模式，有力提升了农民的科学素质，为乡村振兴提供科技帮助。2022 年，河池市宜州区共举办实用技术培训班 30 场次，培训农民 3000 多人次。

（三）积极开展产业工人科学素质提升工作，为增强产业工人综合科学素质服务

河池市宜州区科协大力实施产业工人队伍建设，支持企业用工专项行动，开展"送岗下乡"招聘活动、"春风送真情，就业暖民心"春风行动暨易地扶贫搬迁就业帮扶招聘活动、"喜迎二十大 建功新时代"职工职业技能大赛活动等，广泛开展职业技能、信息技术、职业病防治等职业教育和培训，促进产业工人整体素质提升。在广西农民工技能大赛河池市宜州区初赛和制糖行业产业工人专场职业技能大赛中，共有 130 名农民工参加比赛，最终有 9 人获得一等奖、13 人获得二等奖、20 人获得三等奖。同时，河池市宜州区科协组织全民科学素质工作领导小组成员单位开展法律法规知识进企业系列活动，向广大产业工人宣讲食药安全法规、生产安全法规、健康保护法规及与产业工人息息相关的科学知识等，不断增强产业工人对安全防范、生产自救和自我保护等的科学认知度。

（四）积极开展老年人科学素质提升工作，为丰富老年人精神生活服务

河池市宜州区科协不断健全老年人科普服务体系，加强老年大学和老年科技大学建设，通过开设书法班、舞蹈班、戏曲班等为老年人继续学习提供便利条件；组织开展"欢歌颂党恩 喜迎二十大"文化演出活动及各类体育活动，广泛宣传科学知识，鼓励老年人以积极的态度面对晚年生活；联合医院积极开展以"关注普遍眼健康，共筑'睛'彩大健康"为主题的中老年护眼科普讲座；推动老年人健康进社区、进乡村、进家庭，并开展免费健康体检等健康素养活动，向老年人普及医疗保健、营养膳食、食品安全等知识，让老年人在获取科技知识的同时，树立健康观念，提高健康素养。2022 年，河池市宜州区共举办由中老年人参演的文艺晚会 200 多场次；开展健康体检活动 20 余次，受益老人 20000 多人次。

（五）积极开展领导干部和公务员科学素质提升工作，为提高干部科学执政理念服务

依托河池市宜州区委员会党校，河池市宜州区科协扎实开展"一把手"政治能力提升培训、科级干部学习贯彻党的十九届六中全会和自治区第十二次党代会精神专题培训、保密工作培训及科普前沿知识讲座等科普教育培训。2022年，河池市宜州区科协共计举办培训班24期，其中主体培训班15期、部门培训班9期，共培训学员2891人次；同时选派领导干部参加上级调训培训班36期，外出培训132人次。

二、创新民族特色，营造科普发展大氛围

河池市宜州区科协以民族活动、传统节庆活动为切入点，以本地民族语言为沟通手段，以刘三姐歌谣文化为主线，积极开展丰富多彩的科普宣传教育活动。一是开展民族科普校园行活动。2022年4月以来，宜州区各学校以"壮族三月三"节日为契机，组织开展了丰富多彩的民族科普宣传活动，向学生科普"壮族三月三"民族知识及对山歌、抢花炮、碰彩蛋、抛绣球、吃五色糯米饭等壮族民俗知识，还指导学生制作民族手工作品，不仅让学生在妙趣横生的手工制作中锻炼思考和动手能力，还让学生学习了壮族文化。二是开展科普文化进社区文艺汇演活动。2022年6月以来，河池市宜州区科协携手河池市宜州区文明办到各社区开展以"喜迎二十大 共创文明城"为主题的科普文化进社区文艺汇演活动，通过山歌、彩调、诗朗诵、舞蹈、小品等多种表演形式为城区广大社区居民群众宣传文明城市创建、禁毒、交通等多方面科普内容，这些活动受到群众的欢迎，参加群众达3000人次。

三、推动山歌艺术，打造山歌科普新品牌

河池市宜州区是壮族歌仙刘三姐的故乡，山歌是其特有的民族艺术之一。河池市宜州区科协积极发挥民族山歌艺术的作用，大力开展"科普山歌进乡村、进社区、进校园"等活动，用山歌唱响科学主旋律，形成了具有民族特色的山歌科普新品牌，其中"广场文艺周周演"是河池市宜州区"科普文化"特色品牌。在公园，一支支山歌唱响龙江河畔，各民间文艺队用山歌宣传节能减排、垃圾分类、食品安全等科普知识；在村屯，文艺志愿者化身科普志愿者，用山歌向群众宣传禁毒、防溺水、防电信网络诈骗、安全生产、健康卫生等科普知识；在校园，孩子们学唱山歌，用山歌传唱防灾减灾、科技创新、民族团结等科普知识。河池市宜州区科协通过创新科普宣传形式，把山歌寓教于乐地融入群众的生活之中，让群众在欣赏山歌独特的民族风韵的同时，潜移默化地了解科普知识。山歌的表演形式把广大群众吸引到科普活动中来，有效地提升了科普宣传的效果。2022年，河池市宜州区共开展各类山歌科普宣传60多场次，受益群众10000多人次。

民族非遗在科普文创产品中的
活态传承与创新研究

龚萍 李杰

（玉林市第一职业中等专业学校）

我国基于民族非物质文化遗产（以下简称"非遗"）保护开展了大量工作，将民族非遗与文创产品相结合是极为有效的创意性保护措施，而"让民族非遗在科普文创产品中有所体现"则是期望通过生产性保护等方式实现非遗的活态传承。

一、民族非遗在科普文创产品中的活态传承与创新要点

（一）科普文创产品的品质

基于民族非遗创造的科普文创产品凭借着自身具备科学教育意义、能传播民族非遗等优势在众多文创产品中脱颖而出，并借助各地区的旅游业火速"出圈"。随着其公众影响力越来越大，应当注重科普文创产品的自身品质。一方面，就民族非遗在科普文创产品中的活态传承来说，成品工艺、用料与销售价值不匹配的低品质科普文创产品会让群众逐渐失去最初的消费热情，使科普文创产品的消费转化率大大降低，而品质高的科普文创产品能够吸引更多的消费者，使当地的整体经济能够得到发展，日益增长的经济收益也会为民族非遗的活态传承提供物质保障。另一方面，科普文创产品应当根据非遗元素具有明确指向性和紧密关联性的特点，实现科普文创产品与民族非遗元素的有效结合。

（二）民族非遗在科普文创产品中的精神体现

民族非遗活态传承的目的在于实现民族精神的有效传承，科普文创产品应当具有维系、传递、增强民族文化生命活力的作用。因此，应当注重民族非遗在科普文创产品中的精神体现，只有这样，民族非遗含有的民族精神才能得到有效传递。从某种角度来说，科普文创产品是人类设计出来的产物，而民族非遗精神是不能完全通过设计表现出来的。通过对民族非遗精神的核心价值进行提炼，并提高其与科普文创产品的融合性，能够使民族非遗在科普文创产品中得到更加充分的体现，这有助于提高科普

文创产品的附加价值。科普文创产品不仅需要外观精美，而且需要具有一定的民族文化精神内涵，加强民族内涵在文创产品中的精神表达才是保护民族文化有效的活态传承方法。

二、民族非遗在科普文创产品中的活态传承与创新策略

（一）创新富含民族非遗的科普文创产品样式

诸多非遗（包括民间文学、传统音乐、传统技艺等十大门类）作品都蕴含着对未来的美好愿景。以瑶族服饰（入选第一批国家级非物质文化遗产名录）为例，瑶族服饰的一个重要特征是采用挑花构图。例如，瑶族头饰有"龙盘"形、"A"字形、"月牙"形、"飞燕"形等，有的戴竹箭、有的竖顶板、有的戴尖帽、有的戴竹壳。瑶族服饰文化遵循"天人合一"的理念，使民族文化特质与自然环境相和谐。其中，刺、绣、镶、染的物态形式均已成为瑶族的文化符号，表达了瑶族人民的生活情趣和特定的文化意念，在中国少数民族服饰文化中具有重要的地位和价值。另以瑶族纹饰"八角花纹"挑花背带心为例，设计者通过将八角花纹纹饰的造型结构凝练出单独纹样，以此创新活态传承方式，形成瑶族非遗的科普文创产品。因此，应当在保留民族非遗产品核心内涵的基础上设计和创造融合现代审美观念的、多样式的科普文创产品。

一方面，可以通过对民族非遗元素进行分解和重构，提高科普文化产品的创新性，使民族非遗以全新的面貌出现在群众面前。例如，制作适合中小学生自己动手的民族服饰换装材料包，并在当地博物馆或者非遗科普活动中使用。需要注意的是，一些核心的民族非遗元素必须在产品设计的过程中被完整保留；同时，不能因为追求设计美感对部分民族非遗元素进行再创作，避免非遗的核心精神被扭曲。另一方面，应当根

文创作品《诗瑶体》

据受众群体的不同（工艺品爱好者、摄影爱好者等）设计不同类别的科普文创产品，如钥匙扣、手机壳、水杯等，以此丰富科普文创产品样式，提高人们对科普文创产品关注度。

（二）提高含有民族非遗元素的科普文创产品的可使用性

现阶段人们的消费观念与以往不同。在改革开放初期，外出旅游是一件十分难得且值得炫耀的事情，"在旅游过程中购买一两件有标志性的产品"作为纪念是十分必要的，因此人们并不注重产品的实用性和性价比。现阶段，生活水平的提高使人们在消费时更注重产品的可使用性和性价比，因此，提高含有民族非遗元素的科普文创产品的可使用性才是实现非遗活态传承的有效策略。

第一，科普文创产品应当具备符合消费者消费预期的特征，这样一来，即使科普文创产品的科学教育性不强，部分消费者也会愿意为此买单。

第二，应当提高科普文创产品的功能性，以此体现其使用价值。与具有同样功能的产品相比，具有民族非遗元素的科普文创产品更能吸引消费者的目光。

第三，避免通过过度包装、过度设计等方式抓住消费者的眼球，否则一段时间后，消费者会产生"科普文创产品是鸡肋产品"的想法，这不利于民族非遗的活态传承。

第四，应当结合时代发展特征设计相关的科技感科普文化产品。以浙江自然博物院的增强现实（augmented reality，AR）科普文创系列产品为例，这一系列产品将数字时代的互联网技术和 AR 技术等网络信息技术与馆藏资源有效融合，设计了兼具艺术性和实用性的儿童积木等科普文创产品。

活态传承是有别于长期使用的"博物馆式"保护的非遗保护策略。科普文创产品是活态传承的一种新的表现形式，对民族非遗如何在科普文创产品中实现活态传承与创新内容、途径、有效策略进行研究，是将民族非遗的传承与科学教育相结合的必要举措，也是促进人民群众了解民族非遗、促进文化交流的重要方法。

深入开展民族科普　扎实促进民族团结

张贵添

（玉林市民族中学）

　　玉林市民族中学是玉林市唯一一所民族中学。学校始建于 1995 年，占地面积约 100 亩，教学及辅助用房建筑面积约 76000 平方米，师生约 1500 人，其中少数民族教师约 100 人、少数民族学生约 280 人。学校坚持"以人为本，德育为先；师生平等团结，校园和美；学教儒雅，形成良好习惯；促进学生终身发展，成为有用之才"的办学理念，紧紧围绕"共同团结奋斗、共同繁荣发展"的民族工作主旋律，不断改革创新工作载体和工作方式，打造了民族文化园、同心茶园、民族展览馆等民族特色基地，并以科技园、创客空间、"民族体育炫"等特色活动为载体，融合开展科普工作和民族团结进步创建工作，不断推动民族团结进步创建向更深层次、更高水平、更广领域扩展，收到了良好的效果，先后获得广西壮族自治区民族文化教育示范学校、民族团结进步教育基地等荣誉称号，并于 2023 年 4 月获批为"第十批全国民族团结进步示范单位"。

一、推动民族团结进步"进学校"，提高素质强基础

（一）固本色增亮色，多样活动育"团结苗"

　　玉林市民族中学紧紧围绕"共同团结奋斗、共同繁荣发展"的民族工作主旋律，以民族团结"五讲"为主线，通过开一次民族团结主题班会，让学生了解民族团结的概念，各民族分布特点、我国实行民族区域自治制度的原因、内容和意义及各民族共同发展的政策；培养学生一切从实际出发、实事求是的基本观点，提高学生分析问题的能力；通过鼓励学生读一本民族团结主题书籍，帮助学生了解民族故事、知晓民族习俗，引导学生了解并热爱中华民族的优秀文化传统，形成对祖国历史与文化的认同感，初步树立对国家、民族的历史责任感和历史使命感；通过上一堂民族团结示范课，讲述各民族风土人情，让学生在收获知识的同时，懂得如何尊重各民族的风俗习惯，让学生从心底感受在漫长的历史进程中形成的各族人民密切交往、守望相助、休戚与共的深厚情谊。通过参加一次民族体育节活动，学生不仅可以增强体质，还能充分了

解特色民族体育活动，传承少数民族文化，保护民族特色体育活动。玉林市民族中学体育节活动形式多样，例如大象拔河、高杆绣球、一百米滚铁环、双人板鞋等。学校的特色体育活动还在 2022 年 9 月 24 日登上了央视新闻频道。通过参演一次民族团结节目表演，学生可以加深对民族文化的了解和认同感。

"壮族三月三"是广西壮族自治区所特有的节日，玉林市民族中学开展了"石榴花开向未来，同心共筑中国梦"三月三文艺晚会，每个班级都带来了民族特色节目，随着《赶圩归来啊哩哩》《壮族扁担舞》《广西尼的呀》的演出，现场热闹非凡，精彩不断。学校还特别邀请了玉林师范学院外国语学院的师生到晚会现场进行交流与演出，外国语学院师生带来了舞蹈《走在山水间》，其中柳德米拉教授特别演奏了白俄罗斯民歌《季卡吉卡》。这些丰富多彩的活动加深了学生对民族知识和民族团结重要性的理解，让学生从心底热爱各民族，在学生心里播下了民族团结的种子，培育了"团结苗"。

（二）激发爱科学的热情，弘扬民族团结之风

2023 年 3 月 10 日，广西科技馆联合兴业县科学技术协会及兴业县教育局到学校开展"第九届全国青年科普创新实验暨作品大赛广西赛区校园宣讲会""科技秀"等活动，还带来了会跳舞又会拜年的机器狗；广西科技馆的科普志愿者现场进行"消失的颜色""掌中火""瓶子吹气球""烟雾秀"等科普秀，并对实验原理耐心进行讲解，引导学生参与"掌中火"表演。学生在亲眼所见、亲手操作、亲身体验中增强了创新精神和实践能力，激发了他们对科学的兴趣。

二、推动民族团结进步"进课堂"，点燃科技梦想

（一）科技社团大发展，梦想之花向阳开

玉林市民族中学在玉林市科协的指导下开辟了专门的功能室"创客空间"和"科技园"，为学生提供专业的科技指导；此外，还成立了机器人社团，配备了 10 多名教师，为学生进行一对一的指导。每周三是机器人社团的社团日，在当天的晚自习上，社员和教师一起钻研中小学电脑机器人创客大赛的项目，为比赛做充足的准备。杨茂鹏和周欢祥两位同学获得"第 20 届广西青少年机器人竞赛暨东盟国家青少年机器人邀请赛"虚拟机器人竞赛（线上）初中组一等奖，梁盛祥、覃凯成获初中组二等奖。徐紫涵、梁思怡、赵良平、朱秋月在"第九届全国青年科普创新实验暨作品大赛（广西赛区）"中的太空车项目中取得二等奖的好成绩。

（二）科普大篷车进校园，科学知识入心田

一年一度的"科普大篷车"活动极大地激发了学校全体青少年的探索欲和求知欲，调动了学生参与科普的兴趣和热情，也为学生种下了科学的种子，更好地鼓励学生放飞希望、追逐梦想；指引学生在生活中做一个有心的人，培养善于发现问题的能力，让学生学科学、用科学，用自己的奇思妙想去解决问题，提高学生动手动脑及科技创新能力，培养学生勇于探索的科研精神。

三、推动民族团结进步"进村社"，共建共荣促和谐

（一）做好"民族传声筒"，推进文明村社创建

玉林市民族中学积极开展志愿服务活动，通过建立"民族传声筒"推动各民族"交互式"发展，使各族群众团结互助，极大地维护了民族团结，促进了社区的和谐平安建设。2023 年 3 月 7 日，玉林市民族中学开展"党建＋团建"的志愿服务活动，向广大群众发放宣传单 300 余份。活动宣传党的民族理论政策及民族法律法规，积极引导群众参与到民族团结进步创建中来。不仅如此，玉林市民族中学还在东山街道及东马江开展"保护母亲河，争当'河小清'"清扫活动，积极引导广大社区群众保护环境、爱护母亲河，让群众形成不乱扔垃圾、爱护环境的文明精神，提高群众文明素质，推进文明村社创建。这些活动进一步加强各族干部群众之间的交往、交流、交融，增进干部群众之间相互了解、相互学习、相互欣赏，真正实现全县各族群众共同团结奋斗、共同繁荣发展。

（二）走访慰问暖人心，共建和谐美好新家园

玉林市民族中学每年在暑假都会开展"大家访"活动，这已成为传统。玉林市民族中学党支部紧紧围绕"服务一个居民、温馨一个家庭、和谐一个村（社区）"的目标，以"各族居民心连心、共创美好新家园"为载体，以文化活动为纽带，以社区帮扶为主线，把少数民族之家建到社区，开展走访慰问少数民族困难学生家庭活动。玉林市民族中学通过走访活动，进一步向广大人民群众普及科学知识、传播科学思想、宣传民族团结进步政策，激发了广大群众参与民族团结进步创建的积极性、主动性，使社区成为各民族和谐相处的美好新家园；推动兴业县民族团结进步事业创新发展，切实推动铸牢中华民族共同体意识走深走实，让中华民族一家亲、同心共筑中国梦的理念深植人民的心中。

四、多渠道宣传，营造民族团结进步良好氛围

玉林市民族中学通过线上、线下多渠道广泛宣传民族团结进步工作。在学校建设了民族团结教育阵地，全方位开展民族团结进步创建教育宣传，在科普画廊张贴民族团结进步宣传画 65 幅，在全校范围内营造了良好的民族团结进步氛围。通过中央电视台、玉林新闻网、玉林科协网微信公众号、兴业县融媒体、玉林市民族中学微信公众号等多个平台推送民族团结进步主题文章、活动报道等 40 多次，深入宣传"三个离不开""四个自信""五个认同"和党的民族理论政策教育，动员全县人民群众深刻认识民族团结进步创建工作的重大意义。

下一步，玉林市民族中学将以党的二十大精神为指引，深入贯彻落实习近平总书记关于加强和改进民族工作的重要思想，持续开展民族科普活动，大力弘扬科学精神，推动各民族团结进步、共同繁荣。

弘扬科学家精神科普活动的创新与突破

——以原创话剧《少年黄大年》的编排演出为例

覃婧妍

（广西科学技术普及传播中心）

"作别康河的水草，归来作祖国的栋梁。天妒英才，你就在这七年中争分夺秒。透支自己，也要让人生发光。地质宫五楼的灯，源自前辈们的薪传，永不熄灭。"2018 年，在感动中国的颁奖词上是这样描写在学生时代就写下了"振兴中华，乃我辈之责"的战略科学家黄大年。为了弘扬科学家精神，2021 年 6 月 28 日，由广西艺术学院影视与传媒学院、黄大年母校广西贵港市港北区高级中学联合打造的原创话剧《少年黄大年》在贵港市政府会议中心进行了首演，当晚直播平台在线观众上万人，点击量近 11 万人次。首演之后，广西科学技术协会（以下简称"广西科协"）、广西教育厅联合推动话剧在全区中小学校进行巡演，并在 2021 年 10 月 11 日及 2023 年 6 月 9 日的两场巡演中组织全区中小学生通过线上及线下观看，话剧《少年黄大年》"线上 + 线下"观看人数已达 1400 万人次。

当下，社会价值观呈现繁杂而多元化的趋势，加强对青少年群体价值引领的重要性愈加凸显。作为战略科学家黄大年的故乡，广西深入挖掘黄大年的成长事迹，精心编排话剧《少年黄大年》，成功塑造将个人命运与国家前途紧密相连的人物形象，为青少年树立了一个积极向上、拥有坚定追求的科学家榜样，引导广大青少年自觉做优良学风的传承者、科技报国的践行者，在广西的中小学校中掀起了一股学习黄大年精神的热潮。原创话剧《少年黄大年》的编排演出，取得了巨大的社会效益，这不仅是一次成功的爱国主义宣传教育活动，也是开展弘扬科学家精神科普活动的创新探索，其创新形式与传播机理，值得科普工作者进一步探究。

一、话剧创作背景及介绍

话剧以黄大年 1973 年进入附城高中就读（现为贵港市港北区高级中学）为故事起点，讲述了高中时期黄大年的学习、生活，以及与教师、同学们的深厚感情，真实还原"地质梦"在少年黄大年心中的孕育过程，同时也生动叙述了毕业后的黄大年在广西第六地质队工作两年的成长经历，讲述了少年黄大年在经济条件相对落后的时代背景下，立志科技报国，最终走出大山、以身许国的故事。

美丽的壮乡广西南宁是黄大年人生道路的出发点，在这里有着他成长的记忆，也有他少年立志报国的情怀。话剧《少年黄大年》扎根于本土，以点带面，呈现了黄大年不凡的成长历程，从"地下千尺，黑褐色的煤层下埋藏着什么"的天问，到"一定要走出去，也一定要回来"的家国信念的一步步确立，真实地还原黄大年少年时期的时代特征和生活事实。全剧通过生动有趣的细节、朴实平凡的语言再现了一个聪颖、热情、果敢、坚定的少年黄大年。

二、表现形式新颖，公众乐于接受

科普是指利用各种传媒以浅显的，让公众易于理解、接受和参与的方式向普通大众介绍自然科学和社会科学知识，推广科学技术的应用，倡导科学方法，传播科学思想，弘扬科学精神的活动。话剧《少年黄大年》取材于我国战略科学家黄大年的成长经历，具有重要的爱国主义宣传教育意义，属科普类作品。

话剧《少年黄大年》时长约115分钟，从"德智体美劳"五个方面展开故事，通过演员的姿态、动作、对话、独白等表演，将少数民族特色文化融入话剧，话剧生动、激情且澎湃，最终以高水准的视觉感官呈现在观众面前。整部作品采用写实主义的手法，通过大量的史料收集和创作团队的实地考察采访，用细节勾勒出真诚质朴、至真至诚的精神品质，书写出可歌可泣的少年黄大年青春之歌。该话剧的成功除了得益于创作团队精益求精，夜以继日不断打磨，也得益于话剧这一独特的艺术表现形式。该话剧以青少年为受众主体，以弘扬科学家精神为主线，填补了国内此类题材话剧的空白，因此受到广大青少年的喜爱。

三、创新传播方式，形成庞大受众

话剧《少年黄大年》于2021年和2023年分别在贵港市政府会议中心大会堂、广西艺术学院南湖校区会演中心及柳州市群众艺术馆上演，现场座无虚席。广西科协、广西教育厅联合推动话剧采用"线上＋线下"相结合的观看模式，使该话剧拥有了丰富的传播载体。通过线上视频播放模式，最大程度地满足了几百万人同时在线观看的庞大需求，也为观众提供了一个更为宽松及自由的观看环境。

为进一步弘扬科学家精神，让青少年群体深入对少年黄大年爱国主义情怀的理解，观演结束后，广西各设区市科协、教育局和学校纷纷组织青少年撰写话剧观后感，并得到了热烈的反响。据观后感优秀作品征集主办方的统计，全区共收到《少年黄大年》观后感3万多篇。这些观后感陆续通过主办方的报刊、微信公众号进行择优刊登，真正实现了话剧"线上＋线下""理论＋实践"相结合的科普传播方式，这对于话剧的广泛传播及少年黄大年精神热潮的学习有着积极的推动作用。

四、聚焦言行细节，引发精神共鸣

习近平总书记曾指出，一个民族的复兴需要强大的物质力量，也需要强大的精神力量。中华民族精神深深根植于延绵数千年的优秀传统文化之中，始终是我们屹立于世界的精神纽带，也是民族之魂。在经济全球化的趋势下，各种思潮接踵而至，青少年群体的社会价值观也变得繁杂而多元，峥嵘岁月里，我们尚有许多让人热血沸腾的英雄赞歌曾经激励着一代又一代的少年。而当今社会迫切需要像"少年黄大年"这样具有民族精神的典型人物，为广大青少年树立一个积极向上的励志形象作为传承榜样。

黄大年高中毕业后，面对地质队需要长年面对艰苦而危险的工作环境的情况，他全然不顾，把生命置之度外。一次，为了勘探出铁矿，黄大年欣然接受了队长派给他的一个危险任务。他的同伴生气地问他："黄大年，你就不怕死吗？"黄大年回答："我怕，我才 18 岁，我还没有走出过这座大山，没有坐过飞机，没有到过天安门广场看那冉冉升起的五星红旗，但是我不能因为自己害怕就忘记了自己的初心和使命……""我们既然加入了地质队，就应该早早地做好死亡这个准备，如果每次遇到困难，大家都选择退缩，那我们国家的矿产资源什么时候才能实现自给自足？"

话剧《少年黄大年》抓取主人公黄大年在工作中"接地气"却感人肺腑的言行细节，迅速拉近了与受众之间的距离，以这样的视角展示少年黄大年从普通人到学界典范，再到民族脊梁的成长历程，这在广大青少年群体中产生了强烈的精神共鸣，弘扬了新时代科学家精神，推动了青少年树立正确的人生观、价值观。

历史的天空风云变幻，岁月的江河激流匆匆。唯一不变的是，总有殷殷志士甘为国家鞠躬尽瘁，总有拳拳赤子愿为民族负重前行。《少年黄大年》以新颖的艺术形式，真实还原将个人追梦与国家前途命运紧密相连，将个人梦想融入中国梦的少年黄大年，将有血有肉、有理想有抱负、可信可爱可敬可学的战略科学家带到大家面前，契合了时代发展的主旋律，展现了青年应有的家国情怀和追梦姿态，为广大处于人生观价值观形成期的青少年树立了榜样，起到了成风化人、凝心聚力的重要作用，实现了价值引领。

民族科普读物在提升少数民族科普发展中的作用

彭海波

（广西科学技术普及传播中心）

广西是民族地区，而壮族是中国人口最多的少数民族。数千年来，壮族人民在同疾病斗争的过程中积累了丰富的壮医药经验和知识，使壮族人民身体健康。壮医药具有鲜明的地方特色和民族特色，是壮医学的重要组成部分。壮医药不仅在历史上为本民族的健康繁衍作出了重大的贡献，而且是广大壮族地区群众赖以防病治病的有效手段和方法之一，同时也是壮族地区重要的医药卫生资源。在壮医药文化中，节气养生是其中的一个重要方面，形成了壮族人民特有的养生特色。《二十四节气壮医养生》一书将广西壮族人民在长期的生产、生活实践中同疾病作斗争的节气养生经验进行总结，其有着独特的理论和丰富的内容。本文将从节气与壮医药的关系、节气与养生保健的意义等方面探讨如何提升壮族人民科学素质，以期更好地了解和推广壮医药文化。

一、节气与壮医药的关系

壮医药是中华民族的瑰宝，是中国传统医学的重要组成部分，有着悠久的历史。经过广大壮医药工作者长期的不懈努力，壮医药在理论研究、诊疗方法及壮药的发掘整理与应用推广方面都取得了丰硕的成果。广西壮族自治区党委、政府高度重视民族医药事业和产业发展，2008 年开始抢抓广西成立 50 周年国家重点支持广西发展的机遇，实施"壮瑶医药振兴计划"，推动广西民族医药事业和产业发展迈上新台阶。党的十八大以来，全区上下各级部门、社会各界积极努力，民族医药创新传承发展呈现了良好的势头。

壮族人民对节气有着深刻的理解，认为每个节气都应该与自然界和人体的状态相适应，以达到养生保健的效果，并且人体的生理和病理都与季节、气候和天气等因素有着密切的关系，因此在治疗疾病时需要考虑这些因素。壮族人民将自然界的节气理解为"生命的节律"。

在壮医药中，节气养生被视为一种预防和调理疾病的方法，它能够调节人体的生理和心理状态，增强人体的抵抗力和免疫力。如果人们能够根据不同的节气调整自己的饮食、生活和运动方式，就能够达到养生保健的效果，并预防疾病的发生。

二、《二十四节气壮医养生》的特点与价值

在一年四季不同节气的更替中，有不同的壮医养生经验。《二十四节气壮医养生》一书是壮族人民根据二十四节气中不同的保健养生方法编著的富有民族特色的民族科普读物，能很好地传播民族文化知识，发展壮医药文化。

《二十四节气壮医养生》从壮医预防疾病与养生的基本理论入手，结合壮族地区节气养生的饮食、运动保健、民俗文化及壮医药保健等方面的特色，梳理总结常用的药食同源壮药及壮医药膳的基本知识，全面、准确地展现壮医节气养生的精髓和魅力，具有鲜明的地方特色和民族特色，能让读者更加直观地了解壮医节气养生。该书贴近大众生活，凸显壮医药特色，符合"民族性、传统性、地域性"的原则，可为大众保健、养生和治病提供有益参考。该书是民族医药文化传承创新应用的成果，对振兴民族文化和普及壮医药养生文化具有重要的意义。

《二十四节气壮医养生》是广西壮医药读物中的一部分，其特点和价值主要表现在以下几个方面。

（一）弘扬壮医药文化

作为壮医药文化的一部分，《二十四节气壮医养生》通过对壮医药的介绍和壮族人民的生活习惯等方面的描述，展现了壮族人民的智慧和文化底蕴。它不仅弘扬了壮医药文化，也对壮族文化的宣传起到了重要的作用。

（二）强调节气养生

《二十四节气壮医养生》强调了节气养生的重要性，提醒人们在日常生活中需要根据不同的节气进行调整，以达到养生保健的效果。这充分体现了壮族人民对节气的深刻理解和认识，也为广大读者提供了一种全新的养生方式。

（三）融合多元文化

《二十四节气壮医养生》融合了多元文化，不仅有壮医药文化的元素，还融入了中医养生、现代医学等多种元素。这种融合体现了壮族人民对多元文化的包容和融合能力，也为读者提供了一种全新的健康理念。

因此，《二十四节气壮医养生》作为壮医药文化的一部分，不仅弘扬了壮医药文化，也为广大读者提供了一种全新的养生方式和健康理念，具有重要的文化和社会价值，是民族科普的有力抓手。

三、壮医药文化的传承与弘扬

为了更好地传承和弘扬壮医药文化，需要采取以下建议和措施。

（一）加强壮医药文化的传承教育

要更广泛地开展壮医药文化的传承教育，向广大壮族青年宣传壮医药文化的价值和意义，引导他们了解和热爱自己的文化传统；同时，也应该加强壮医药文化对非壮族人民的宣传，让更多的人了解和认识壮医药文化。

（二）完善壮医药的知识保护和传播机制

应加强对壮医药知识的收集、整理和保护工作，建立壮医药文化的传播平台，推广壮医药文化，提高公众对其的认知度和认可度；同时，也应该加强对壮医药知识产权的保护，防止侵权行为。

（三）加强壮医药现代化研究

现代化研究是壮医药文化传承的重要手段之一，应该鼓励和支持壮族医药工作者开展现代化研究，探索壮医药与现代医学的结合，开发新型的壮药和治疗方法，以满足人们的健康需求。

（四）举办弘扬壮医药文化的社会活动

通过举办壮医药文化节、壮医药文化交流会等活动，促进壮医药文化的传承和发展，让更多的人了解和接触壮医药文化，从而推动其传承和发展。

（五）加强壮医药文化产业的发展

壮医药文化产业的发展是壮医药文化传承的重要保障，应在政策、资金、技术、市场等方面加大对壮医药文化的支持力度，以促进壮医药文化产业的发展，提高壮医药文化的社会和经济效益；同时，也应该鼓励壮族医药企业开展国际合作，推广壮医药文化，提高其在国际市场上的知名度和竞争力。

壮族文化是中华民族文化宝库中的重要组成部分，而壮医药作为其中的重要内容，有着深厚的历史和文化底蕴。《二十四节气壮医养生》作为广西壮医药读物中的一部分，通过弘扬壮医药文化、强调节气养生、融合多元文化等方面的特点，为壮医药的保护和传承作出了积极的贡献。为了更好地传承和弘扬壮医药文化，传播民族文化，我们需要加强壮医药文化的传承教育，完善壮医药的知识保护和传播机制，加强壮医药现代化研究，开展弘扬壮医药文化的社会活动，加强壮医药文化产业的发展，才能更好地传承和弘扬壮医药文化，让壮医药文化在现代化的背景下焕发出新的生命力和活力。

"互联网＋教育"背景下边远地区少数民族县域高中机器人教学模式探究

吴茂荣

（广西防城港市上思县上思中学）

"互联网＋教育"背景下，高中阶段的教育过程已经将机器人技术列入课程标准中，并且越来越重视对学生信息技术和素养的培养。但在边远地区少数民族县域高中教学过程当中，机器人课程的传统教学模式已经难以适应新时代技术教学的发展，无法满足学生的实际学习需求。对此，边远地区少数民族县域高中学校和教师要针对实际情况，及时优化和调整机器人教学模式。

一、机器人教学的基本概念

机器人教学是一个基于计算机技术的学习平台，它能够将机械、电子、运行、控制等技术与信息技术有机结合。从"互联网＋教育"背景下的边远地区少数民族县域高中教学视角来看，机器人教学是一种重要的教学媒介，能够综合多种学科知识和技能，培养学生的创造能力和学习能力，打破传统课堂以知识传输作为主要教育目的的观念。

在当前背景下，机器人教学可以让学生接触到最新的科技和人工智能知识，提高学生的综合素质和创新能力。机器人教学可以为教育变革提供更多的可能性和推动力，并且它的实践性、趣味性，更符合现代学生对学习的需求和喜好。同时，学生还可以在实践中锻炼自己的动手能力和解决问题的能力，更好地了解机器人技术和研发需求，为未来的就业和创业规划提供有益的启示。

二、"互联网＋教育"背景下边远地区少数民族县域高中机器人教学基本现状

"互联网＋教育"是教育和互联网两个领域的深度融合，它的发展离不开互联网技术和教育体制的改革。互联网技术的优势，使教育变得更加开放和自主。同时，互联网技术可以为教育提供更多的信息资源和教学工具，还可以提高教学的效果和质量。

学生能够利用互联网自主选择感兴趣的学科和知识领域，同时教师也不再是单纯的知识传授者，而是一个引导者和设计者，更注重学生的思维能力和创新能力的培养。

（一）学校发展不均衡

"互联网＋教育"背景下，机器人教学能够给高中阶段的课程体系增添科技活力，为高中阶段学生核心素养的培育和发展提供新的契机。但部分边远地区的少数民族高中却并不重视开展机器人教学，主要是由于机器人教学本身是一项具有高科技、高成本等特征的教学活动，开展机器人教学对于这些学校来说具有一定的难度；再加上机器人教学活动的开展需要持续的资金投入，对于很多学校来说无法承受。

（二）机器人教师专业能力不足

边远地区少数民族县域高中机器人教学还存在教师专业能力不足的问题。教授机器人课程的教师一般由信息技术、物理、通用技术或者数学等学科教师担任，这些教师的专业背景、教学经历及专业技术等通常和机器人教学所需的专业素养具有一定的差异。

（三）学生实践时间缺乏

在高中机器人教学当中，实践教学活动是不可或缺的一部分。但在边远地区少数民族县域高中教学过程当中，学生日常的课业负担较重，没有多余的时间和精力开展机器人实践活动。再加上部分学校基础设施建设并不完善，即使有感兴趣的学生希望开展机器人实践活动，其实行起来也较为困难。

三、"互联网＋教育"背景下边远地区少数民族县域高中机器人基本教学模式

（一）社团模式

社团模式是高中阶段机器人教学模式中最为常见的模式，一般是以"老手带新手""教师带新生"的方式进行。老学员或者教师进行操作展示，其他学生进行跟练，从而使新学员掌握机器人技术，达到快速上手的效果。

（二）竞赛模式

高中阶段关于机器人的竞赛较多，包括全国青少年电子信息与智能控制大赛、青少年机器人竞赛、中小学信息素养提升实践活动等。这些比赛当中有各种类型和方式

的机器人竞赛项目。在具体的教学活动当中，可以组成各个项目的竞赛小组。

（三）课程模式

在高中教学过程当中，机器人教学的课程模式主要包括结合信息技术课程和结合通用技术课程两种模式。其中，在结合信息技术课程的教学过程当中，大多是以机器人为切入点，指导学生掌握机器人操作技术；在结合通用技术课程的教学过程当中，更多的是将机器人作为载体，指导学生搭建机器人，培养学生的动手能力和创造能力。

四、"互联网＋教育"背景下边远地区少数民族县域高中机器人教学模式优化

（一）更新机器人教育理念

应及时更新机器人教育的理念。教师要能够打破传统的应试教育理念，根植于构建主义理论和项目学习理论来开展机器人教学；强调学生通过一定的情境和利用学习资料来自主学习知识；调动学生的主观能动性，从而提升教学效果。

例如，学生在进行"足球机器人设计"任务时，教师可以为学生提供设计机器人所需要用到的材料，让学生通过自己的实践操作及和其他同学的交流合作，创造性地完成足球机器人设计的学习任务。

（二）创设良好学习环境

要能够创设良好的机器人学习环境。良好的学习环境主要包括外部环境和内部环境。其中，外部环境主要是指专门的机器人教学实验室、机器人学习资料阅览室、学习工具及各种可以用来制作机器人的学习材料。除了这些硬件设施之外，外部环境还包括校园文化、学风、校风等精神层面。与外部学习环境的创设不同，内部学习环境的创设是更加抽象化的，例如社会环境、信息化环境等。

（三）及时调整学习内容

要能够随着时代发展以及学生的学习需求，及时调整学习内容。机器人教学的主要内容包括机器人组装、编程、控制、运行、调试等方面，但只进行简单的技术操作教学是不能够完全满足学生的学习需求的，也不利于促进学生能力和素养的发展。

对此，还要重视以下几个方面的教学内容。一是要增加关于机器人的基本结构和原理的教学，使学生更加深入地理解控制器、传感器、机械装置等的实际应用意义。二是要在学习机器人组装和维修的知识技能时，注重其实践性，让学生切实动手去组

装和维修，能够在机器人出现问题时迅速判断和调整。三是在机器人软件控制和编程这部分教学当中，要更加重视可视化的机器人设计开发软件的运用，增强学生学习机器人编程的思维能力。四是知道竞赛模式也是机器人教学当中的重要模式，教师要指导学生熟悉机器人竞赛的规则。

（四）采用多元化的学习方式

要能够指导学生采用更加多元化的学习方式。具体的教学环节设计如下。第一步，集中讲解机器人的基本知识，帮助学生了解机器人结构、原理等。第二步，分组、分项设计和制作机器人。其中，分组是指将学生划分为四个人到六个人的小组，每个小组由一名指导教师进行指导；分项是指学生必须按照顺序完成组装、编程、场地调试等多项工作。第三步，交流和讨论机器人作品。以小组为单位，让学生展示和介绍自己的机器人作品，梳理整个制作过程，并和其他小组进行交流讨论。第四步，进行小组竞赛来测试机器人性能。在竞赛当中不仅要考查机器人本身的效果，还要考查学生对于机器人操作的熟练程度。

综上所述，在"互联网＋教育"背景下，学校和教师应重视边远地区少数民族县域高中机器人教学，通过更新教育理念，创设良好的学习环境，及时调整学习内容，采用多元化教学方式构建和完善实习评价等教学策略和途径，提升边远地区少数民族县域高中机器人教学的质量和效果，促进学生信息素养的良好发展。

构建青少年科普联动递进式模式
探索校内外科技教育实践新途径

刘卫

（钦州市第十九小学）

一、为什么要构建科普模式

2021 年 4 月 27 日，习近平总书记在视察广西时提出"凝心聚力建设新时代中国特色社会主义壮美广西"的殷殷嘱托。

2021 年 6 月 3 日国务院发布的《全民科学素质行动规划纲要（2021－2035 年）》中提出，2025 年，我国公民具备科学素质的比例将超过 15%，各地区、各人群科学素质发展不均衡明显改善；2035 年，我国公民具备科学素质的比例达到 25%，城乡、区域科学素质发展差距显著缩小，为进入创新型国家前列奠定坚实社会基础。

《全民科学素质行动规划纲要（2021－2035 年）》目标的实现，离不开广西民族地区科普工作的助力。广西科协组织牵头，在各学校开展的各类科普活动，如科技节、科学节、科学荟等，对于提升民族地区青少年的科学素质效果显著。

二、青少年科普联动递进式模式

该模式主要由三个不同形式的科普活动类型组成，分别是科技节、科学节和科学荟。科技节活动通过科普科学知识与技术，让学生在活动中体验科学技术的重要性，鼓励学生动手制作、大胆展示，培养其动手实践能力。科学节活动能进一步加强学生的理论知识学习能力，与科技节相比，是在学技术的基础上让学生深入学习科学知识，体会科学精神，引导学生关注知识的获得与运用。科学荟活动是在以科学节活动的内容为重点的基础上增加更多的活动元素，例如艺术、体育、劳动等，以此来提升学生的综合素质、核心素养，让学生能在活动中获得不同的收获。科学荟活动的举办不局限于学校，而是面向整个社会的一次科普活动，且针对青少年的科学节依旧是整个活动的主题。

"科技节—科学节—科学荟"的发展历程是科普工作由学校扩大到社会各界，各部门通力合作进行青少年科普的历程，科学荟活动的出现更是把青少年科普扩大到了社会科普，其影响广泛。

三、科普活动的开展历程

钦州市第十九小学于 2014 年举办第一届科技节，从简单的科学体验活动到越来越新奇的活动形式、越来越丰富的活动内容，让学生在丰富多彩的科学实验和科创比赛中学习科学知识、感受科学的魅力。

（一）历届科学节活动概况

2014—2022 年，钦州市第十九小学已成功举办 5 届科技节（荟）活动。生动有趣的科学实验能让学生在实践中激发兴趣、收获知识，例如 2014 年进行的鸡蛋撞地球、水的表面张力实验，2015 年进行的鸡蛋历险、穿越 A4 纸实验等。活动在策划上还鼓励学生进行创作、比赛，例如 2014 年举办的青少年科技创新大赛，2015 年举办的蔬菜搭高台现场比赛，2016 年举办的科学节空气炮射击、彩色水炮、空气火箭比赛，2021 年举办的船模比赛等。随着举办活动的经验不断丰富，活动方案更加成熟，钦州市第十九小学于 2015 年开始引进科普大篷车，并且在 2022 年开展了"梦想从这里启航"科学荟现场日活动、科普劳动实践基地启动仪式、科学家进校园活动。

（二）科学节活动相关奖项

2015 年被评为第三届广西青少年科学节优秀活动。

2016 年被评为第四届广西青少年科学节特色活动，2015 年至 2017 年钦州市第十九小学组织科学节的科技辅导员均被评为广西青少年科学节先进个人。

2022 年被评为钦州市青少年优秀科学荟活动、广西青少年特色科学荟活动。

四、开展科普活动的形式与要点

在校园内开展科普活动，要根据学生这一受众群体的特点来选择合适的活动形式，要确保活动形式的多样性、趣味性、可行性；在活动举办的全程做好规划筹备、上报申请、复盘总结，这样才能保证活动的顺利开展，达到科普的最终目的。

（一）科技节、科学节、科学荟的活动形式

活动形式多样：①科技馆科普大篷车进校园；②专家学者科普讲座；③科技运动会；④科学体验活动——跳蚤市场（体验废物再利用）；⑤气象科普；⑥科技小制作展示；

⑦航模展示（比赛）；⑧植物标本（中草药知识）科普；⑨五官检查（健康讲座）；⑩消防（地震）安全演练、防灾知识讲座；⑪本地特产知识科普；⑫防溺水安全知识科普；⑬禁毒（禁烟）安全知识科普；⑭卫生防疫知识科普……

以上活动的举办可以分为两个方面。①上级单位支持举办：科普大篷车进校园、科学家进校园；②学校独立举办：制作展示、比赛；科普教育；安全知识、卫生知识讲座。

未来在举办方式上可以选择联合主办的形式，争取更多的主办方，以获得更多的支持。

（二）开展好科学节（荟）活动的要点

开展科学节（荟）活动必须经历前期的统筹、协调，做到因地制宜、从实际出发。在活动中应注意及时上报相关部门，在有限的能力范围之内争取多方支持，包括但不限于官方资源渠道、专业人才的支持等。在活动结束后要及时复盘、总结经验，为下一次活动的开展做准备。一共有以下5个活动要点。

1. 立足学校实际

任何活动的开展首先必须考虑学校自身实际情况，立足学校实际，提出合适的目标。学校的实际情况包括学校的师资配备、环境、设备、上级领导可能的支持力度等。亦可根据学校规模大小来决定活动开展的形式和规模，大学校搞科学荟活动，其项目可以多、全；小学校办科学荟，可以小而精，年年有变化。

2. 争取校方支持

组织科技节、科学节、科学荟这样综合性、系列性的活动，单凭学校科技辅导员是远远不够的，因此需要协调学校的教职工，调动学校的资源，引导全校师生心往一处想、劲往一处使，努力争取学校领导尤其是校长的支持，才能更有效地组织科学节（荟）等综合性、系列性的科普活动。

3. 提前计划，及时上报

如今，科学节（荟）已成为全国性的科普活动，不仅面向青少年，更面向整个社会。作为学校科普活动的组织者，要及时了解相关信息，提前做好计划，与团队成员商议准备活动内容，提交学校领导审核。

2021年起，科学节开设了一个"全国科普日"主题网站，举办方需要在网站上提交申请才能获得举办的机会。此外，相关地区科协的青少年活动中心也需要提交活动申请与计划。因此，学校科技辅导员要根据学校实际，结合学校重点工作，关注主题网站，做好活动计划，撰写申请书，及时上报申请材料。

4. 争取上级资源

学校的上级机构有教育局、科协等部门，另外，关心学校发展的部门还有很多——环保局、水利局、图书馆、社科联、宣传部、气象局、科技局、侨联、民主党派等，学校的科技辅导员可以主动联系他们，共同合作组织学校的科学节（荟）活动。科协的科普大篷车、气象站人工降雨的仪器、教育局青少年校外中心的小小科技馆等都是优质的科普资源，可以邀请相关人员一起到学校对学生进行科普宣传；也可以请科协联系科学家、创新人才进校园进行科普等，以此来丰富活动的形式。

5. 复盘活动，总结经验

每一次活动结束都要对活动进行复盘总结，反思需要改进的地方，这样科技辅导员不仅能提升自身主持活动的能力，而且可以提高自身活动设计水平。

"科技节—科学节—科学荟"的发展，构建了青少年科普联动递进式模式，探索了校内外科技教育实践新途径。在以后的工作中，钦州市第十九小学将继续努力，开展形式多样的科普活动，力争在新时代科技教育振兴号角齐鸣的时刻，交出一份完美的科普教育、科创教育的答卷。

科技助力广西民族地区乡村振兴的探索与实践

邹凌

［*广西科技服务中心（广西少数民族科普工作队）*］

"推动乡村全面振兴，关键靠人。""要注重学习科学技术，用知识托起乡村振兴。"习近平总书记的讲话指出了科技与人才在乡村振兴中的重要作用，为全国科协系统助力乡村振兴指明了方向。

中国科协和国家乡村振兴局于 2022 年联合发布"科技助力乡村振兴行动"意见，号召全国科协系统坚持以科技赋能，团结动员广大科技工作者大力开展"科技助力乡村振兴行动"，围绕巩固拓展脱贫攻坚成果和乡村发展、乡村建设、乡村治理建言献策，为全面实现农业农村现代化作出更大贡献。广西科协快速响应，充分整合科技与人才资源，聚焦乡村振兴主战场，积极开展科技专家助力乡村振兴、科技项目助力乡村振兴、科技小院助力乡村振兴等形式的探索与实践，为科技助力乡村振兴探索可行、实用、高效的路径，为广西建设农业农村现代化贡献力量。

一、广西少数民族分布及经济发展状况

广西是多民族聚居的自治区，世居民族有壮族、汉族、瑶族、苗族、侗族、仫佬族、毛南族、回族、京族、彝族、水族、仡佬族共 12 个，另有满族、蒙古族、朝鲜族、白族、藏族、黎族、土家族等 40 多个其他民族。广西有少数民族人口 1881 万（第七次全国人口普查数据），其中壮族人口 1572 万，分别占自治区总人口的 37.52% 和 31.36%。2022 年广西全年生产总值（GDP）2.6 万亿元。

壮族是广西人数最多的少数民族，主要聚居在南宁、崇左、百色、河池、柳州、来宾 6 市。瑶族、苗族等其他少数民族分布在全区各地，且民族文化各成体系，但民族地区经济发展水平相对落后。

二、广西民族地区乡村振兴存在的两大问题

（一）缺乏科技支撑

乡村振兴面临乡村产业的有效供给不足、农业农村绿色发展的有效支撑不足、乡

村产业发展的示范带动力不强、对乡村产业振兴的规划引领不足、农业科技成果转化应用不强、科技创新有效供应不充分，以及乡村产业振兴之间联系不够紧密等问题，导致科技创新成果无法形成，难以对乡村振兴进行有效供给与对接。科技创新缺乏有效支撑，无法形成规模性效应，使农业产业升级转型困难。

科技创新推动力不够强。广西民族地区科技创新意识不强，与乡村振兴战略的实施联系不够紧密；在整个发展过程中循规蹈矩，缺乏创新的发展思维，产业链较短，生态环境也比较差，乡村振兴"路线图"规划不明确，科技创新没有足够的空间。

现代科技难以推广运用。农村受过高等教育的人员绝大部分会外出工作，留守本地的多为文化水平较低的群体，他们对新技术、新产品的认识和了解不足，将新技术、新产品运用到农业生产中时达不到预期的效果。

（二）缺乏人才支撑

人才是蓝图的设计者，是科技的研发者，人才的支撑是乡村振兴最关键的因素。广西乡村振兴事业缺乏人才。一是基层缺乏专业技术人员，在生产一线直接从事农业技术研究、技术应用和生产的农业人才较少，严重制约农业产业高质量发展；二是匹配的农业技术指导专家少，不满足实际的发展需求，虽然部分地区的产业有农业技术指导专家，但存在一个技术专家指导几个产业的情况，导致专家的时间和精力无法满足工作需求；三是农业专家对乡村特色资源挖掘深度不够，在产业设计方面缺乏整体性和前沿性；四是缺乏高效的专业技术培训，大部分农业科技人员外出考察、学习、深造的机会很少，人员知识结构老化，导致其业务技术素质偏低，对一些新型实用技术的掌握和操作存在一定困难。

三、科技助力广西乡村振兴的思考与建议

要推动科技助力乡村振兴，就必须动员一切科技力量服务乡村振兴，积极发挥广西各科技专家、科技小院、科技学会、农村专业技术协会等的力量，为乡村振兴提供强大支撑。

（一）把民族特色村寨建设成为乡村振兴示范点

为助力广西巩固拓展脱贫攻坚成果同乡村振兴有效衔接，推进民族地区经济社会高质量发展，进一步提升广西民族特色村寨建设水平和质量，应在如下方面进行努力。

一是突出重点，加强调研沟通。围绕保护和改造少数民族特色民居、加强人居环境整治、加快特色产业发展、加强民族文化保护传承、促进各民族交往交流交融五个方面，着力抓好少数民族特色村寨保护与发展工作。

二是集中投入，加大支持。在落实中央财政衔接推进乡村振兴补助资金（少数民族发展任务）时，聚焦重点，不撒"胡椒面"；围绕中央部署的乡村振兴任务要求，集中帮扶资金，投向乡村振兴重点帮扶县和少数民族聚居县，推动少数民族聚居县、乡（镇）、村建设，助力民族地区特色产业发展，带动农民群众创业致富。

（二）发挥农村专业技术协会引领作用助力乡村振兴

广西陆川猪养殖协会作为陆川县生猪产业的领头组织，全县有近千名养猪大户主动加入协会。该协会每年筹措 50 万元用于服务会员开展活动，还协助会员承接粪污资源化利用、高架床建设、种猪培育、屠宰场建设等十多个政府项目，项目经费达 2000 万元；每年组织会员举办养殖技术培训 20 场以上，并且组织陆川猪文化节等大型活动；与广东省、海南省等地区的生猪交易市场和客商建立良好合作，每年销售的本地生猪约占全县生猪销量的 50%，使陆川县连续 15 年获得"国家生猪调出大县"奖，为发展陆川县支柱产业，推动乡村振兴作出了巨大贡献。

陆川猪养殖协会这样的基层农村专业技术协会（以下简称"农技协"）在广西有858 个，是广西科协在广大农村的基层组织，是团结带领群众创业致富，推动和引领地方特色产业发展，助力乡村振兴的重要力量。广西科协通过每年举办农技协领办人培训班和现场会、支持基层创办新协会、支持老协会提质升级等方式，不断提高农技协和领办人服务会员、服务地方产业发展和经济发展的能力。

（三）开展科技培训助力乡村振兴

2022 年，在广西科协的支持下，广西扶绥坚果科技小院专家针对不同群体，开展坚果基础知识培训、种植技术培训；开展薛进军教授的发明专利——水肥药一体化管道输液滴干技术和薛氏修剪技术培训 80 期，培训群众约 7000 人次，使坚果产业核心示范区的坚果产量同比增长 39.03%，蛀果螟的危害率比常规喷药防治降低了 20.5%，速衰病死亡率由 20%～30% 降低至 5%，坚果种植每年每亩相较之前节水 2 吨、节肥260 元、节药 300 元，推动了广西新兴坚果产业的快速发展。

科技培训是自治区、市、县三级科协的常规工作。自广西全面启动乡村振兴工作以来，广西科协就印发了《开展科技助力乡村振兴实用技术培训活动的通知》，广泛动员各级科协、学会、农技协、科技小院，利用线上线下相结合的培训方式，加大对基层群众的培训力度，让他们掌握更多实用技术，为乡村振兴夯实基础。

此外，广西科协还持续开展科普下乡活动，组建产业顾问组，同时进行直播带货的探索和实践，不断组织动员科技力量投入伟大的乡村振兴事业中，为加快农业农村现代化步伐，促进农业高质高效、农民富裕富足、乡村宜居宜业，全面实现乡村振兴贡献科技力量。

（四）举办民族学生科普研学班，提高民族学生的科学素质

广西民族地区的学校相对偏远，经济相对落后，学校科学设备不足，教学设施缺乏，科学教育专业教师紧缺，科技文化活动偏少，民族学生接受科普教育的机会非常少，直接导致他们的科学素质不高、视野不够开阔。组织举办民族地区学生科普研学班，对提高民族地区学生的科学素质，培养学生的科学兴趣和科学意识，开阔学生的科学视野和思维，增强学生的学科学、用科学的信心等都有非常重要的意义。

广西应大力推动科普研学班的开展，这为民族地区学生创造更多接受科普教育的机会。一是举办广西科普研学班，组织民族地区生活困难、学习成绩优秀、对科学有浓厚兴趣的中小学生，赴广西科技馆、广西大学、广西民族博物馆、广西自然资源科普馆等科普教育基地接受科普教育，开启他们学习科学的心智；二是举办全国科普研学班，组织民族地区学生赴北京，到中国科技馆、著名高校、天安门广场等地方接受科普教育和爱国主义教育，在他们幼小的心灵种下科学的种子和爱国的火种。

（五）动员科技专家助力乡村振兴

科技人才是乡村振兴特别是产业振兴的一个关键力量。广西科协有自治区级学会117个，汇聚全区高端科技人才2000多名，是助力乡村振兴的重要力量。

围绕乡村振兴，广西应大力开展"党旗领航——千名学会专家走基层"活动，组织动员学会专家深入基层农村、社区，开展技术帮扶、农技推广、项目对接、人才培训、专题讲座、健康咨询等各具特色的科技志愿服务，推动地方特色产业高质量发展，助力乡村振兴。

（六）组织科技成果助力乡村振兴

科技成果的运用，是助力乡村振兴的重要力量。广西大学教授、桑蚕专家梁湘及其团队开发了智能养蚕云平台新技术、蚕用结茧的蜂窝格蔟具实用新型专利技术，以及白僵病、血液型脓病防治新技术。运用智能养蚕云平台之后，技术人员由原来一天巡查几十户提高到一天可以巡查上千户。这些技术辐射到了南宁、河池、百色等各大种桑养蚕区，大幅度提高了种桑养蚕的效率，将蚕病发生率从以前的15%降到5%以内，单张蚕茧产量与传统养蚕方法相比提高了23%，茧丝质量全部达5A级以上，为广西蚕茧产量和桑园面积贡献了科技力量。

今后，广西应加大运用科技成果、专利技术助力乡村振兴的力度，充分发挥科技工作者的优势，积极联系和邀请科研机构、院校、学会的科技专家，为地方特色产业

把脉问诊、排忧解难，并运用更多的新成果、新技术，改造升级各种种养基地、产业园区，推动乡村特色产业迈上新台阶。

（七）利用科技小院助力乡村振兴

广西共有科技小院 29 家，这些科技小院在培养农业科技高层次人才、留住人才、科技创新、科技普及、农技推广、成果转化、推动农业产业高质量发展等方面展示出强大的优势。

广西可以将建设科技小院纳入乡村振兴规划中，建议参照玉林市建设十大科技小院的方式，同时给予经费支持。由广西实施乡村振兴战略指挥部领导小组办公室出台相关政策，将广西科技小院建设纳入乡村振兴规划，以此作为农业科普、农技推广，推动农业产业高质量发展，高效助力乡村振兴的重要举措，并提供相关配套经费，提出激励措施。同时，要对科技小院的人才培养给予大力支持，将科技小院纳入全区科技人才培养计划和科技创新计划，配套相关政策并给予经费支持。这样才能把广西的科技小院建设成为高层次农业科技人才的培养基地和培养乡土科技人才的基地，才能充分发挥科技小院创新发明、科研攻关、科普推广的强大功能，为全区乡村产业振兴贡献更大力量。

新时代民族地区科普人才队伍建设的思考

盘健斌

［广西科技服务中心（广西少数民族科普工作队）］

开展民族地区科普人才队伍建设研究，加强民族地区科普人才队伍建设，是协同推进科普工作高质量发展的要求，对巩固提升民族地区科普成效，缩小地区、城乡科普工作差距，提升民族地区公民科学素质有着重要意义。

一、民族地区科普队伍建设的时代背景

2021 年，中国科协公布的第十一次中国公民科学素质抽样调查结果显示，2020 年我国公民具备科学素质的比例达到 10.56%，比 2015 年的 6.20% 提高了 4.36 个百分点，圆满完成了"十三五"规划提出的"超过 10%"的目标任务。全民科学素质总体情况呈现良好的发展态势，说明我国科普工作的成效是显著的，能有力地支撑起科技人才培养的任务，科普作为创新土壤的作用不断凸显。

而我国公民科学素质依然存在发展不平衡、城乡差距明显、中老年群体与低文化程度人群科学素质水平仍然较低的问题，这既对我国科普工作的开展和科普人才队伍的建设提出了新要求，也制约着全民科学素质的进一步提高。从地区分布来看，东部地区公民科学素质水平较高，尤其是长三角、珠三角城市群公民科学素质水平处于领先地位。根据第十一次中国公民科学素质抽样调查结果，东部、中部和西部地区的公民科学素质水平分别为 13.27%、10.13% 和 8.44%。京津冀、长三角和珠三角三大城市群的公民科学素质水平分别为 14.24%、15.54% 和 15.21%。各个省（区、市）之间的差距，也是十分明显，上海（24.30%）和北京（24.07%）遥遥领先；与广西相邻的广东，达到了 12.79%。而城镇居民和农村居民具备科学素质的比例分别达到了 13.75% 和 6.45%，前者比后者高一倍多。

广西作为民族地区，在提高全民科学素质方面任重道远。根据第十一次中国公民科学素质抽样调查结果，广西公民具备科学素质的比例为 7.70%，比 2015 年 4.25% 提高了 3.45%，但与全国平均水平 10.56% 相比，差距较为明显。在广西内部，不同地区的差异也比较明显，首府南宁与区内其他设区市相比，具有较大领先优势，而百色、河池、崇左等少数民族聚居地区的公民科学素质相对落后。

二、民族地区科普队伍存在的问题

（一）科普人才队伍总量不足

科普工作从来不是单打独斗的，需要多方面的共同努力，形成整体的团队协作。就科普人才队伍组成而言，涉及多个方面的人才，包括科技、教育、卫生、医疗、工业、农业、林业、信息化等。在民族地区，科普人才总量不足几乎是不争的事实。相较而言，民族地区经济社会发展滞后，缺乏大城市优越的环境与条件。受人才虹吸效应、经济发展滞后等多种因素影响，民族地区科普人才培养难、引进难、流失多的现象较为普遍。以中小学教师为例，民族地区中小学校普遍反映，科技教师配备不足，难以形成合力。在"双减"政策背景下，虽然很多学校特别是科普示范学校都配备了一定数量的专（兼）职科技教师，但大多数科技教师同时担任化学、物理、语文、数学教师或者班主任等其他职务，导致严格意义上的专职科技教师很少甚至没有。

（二）缺乏高水平科普人才

高水平的科普人才在工作中能起到一呼百应的作用，为科普工作注入强劲动力和号召力，但具有丰富科学专业知识、在科普领域独当一面的"科普大咖"，在民族地区还是难觅踪迹。正如前文所述，大城市对高素质、高层次人才的虹吸效应，在地理位置相对边远、经济较为落后的民族地区尤为突出。在一些少数民族聚居县从事科普工作的队伍中，多数员工为大专或中专学历，具有硕士、博士学位的员工更是凤毛麟角，这导致科普人才队伍综合素养参差不齐，并且有的科普工作者对于科普工作的重要意义并没有充分的认知，认为科普只是简单的宣传工作，导致科普工作流于形式。

（三）科普人才队伍综合素质偏低

民族地区科普队伍照本宣科、按部就班的现象较为普遍，能够灵活运用少数民族群众喜爱的模式（如山歌）进行科普宣讲的不多。一些科普示范学校仅使用挂图、报告、视频等简单的科普模式，使得科普图书室、科普活动室等利用率较低，部分科普器材尘封在科普活动室，没能真正发挥其科普效能，存在只注重过程不讲求效果的问题。特别是对于一些新兴领域、新兴产业的知识，科普宣传不够接地气，也不够深刻透彻，这反映了科普人才的整体素质仍有待进一步提高。

（四）科协组织队伍力量薄弱

科协是科普工作的重要力量，科协组织的强弱，一定程度上直接影响着科普人才队伍的强弱和科普成效的优劣。越往基层，科协组织的配备就越显薄弱。一般县级科协人员配备偏少，多为 3 ～ 6 个编制，并且部分同志是从领导岗位转任非领导职务后，到科协过渡、准备退休的老同志，工作积极性有所下降，缺乏工作的主动性、创新性；部分县的科协人员还被抽调到乡村振兴、督查、招商引资等专项工作中，这就导致本就不充沛的县级科协队伍力量被进一步削弱。

三、加强民族地区科普人才队伍建设的对策

（一）深入理解"两翼理论"重要意义，提高对科普工作重要性的认识

认真学习贯彻习近平总书记关于"科技创新、科学普及是实现创新发展的两翼，要把科学普及放在与科技创新同等重要的位置"这一重要论述，把科普作为实现创新发展的重要基础性工作来认识和推进。认真落实《关于新时代进一步加强科学技术普及工作的意见》，提高各级党政部门和社会公众对科普工作的重视程度，加强科普人才队伍建设。充分发挥各级全民科学素质工作领导小组及其办公室的综合协调职能，完善跨部门联合协作工作机制，推动各级全民科学素质工作领导小组成员单位积极参与科普工作，整合各方资源，形成"党的领导、政府引导、全民行动、提升素质、服务发展"的新格局，为科普人才队伍打造良好的政策保障和支持环境。坚持统筹协同，树立大科普理念，加强协同联动和资源共享，构建政府、社会、市场等协同推进的社会化科普发展格局。实施发展科普教育基地的相关政策措施、意见和扶持政策，加大力度在民族地区特别是边疆地区建设开发一批科普实践场馆。

（二）统筹相关资源，打造高素质科普人才队伍

认真落实《全民科学素质行动规划纲要（2021—2035 年）》关于科普人才建设的规划与要求，依托高校、科研机构等单位，推进高等教育阶段强化科学教育和科普工作，实施科技创新后备人才培育计划，鼓励更多高校设立科普专业，面向民族地区招收科普专业学生，强化科普人才队伍理论研究。加强科普人才队伍建设的顶层设计和统筹谋划，各级政府机构、科协组织要制定和优化科普人才发展政策，畅通科普工作者职业发展通道。积极推进科学传播专业技术职称评定工作：2021 年，广西科协设立并首次开评了"科学传播"系列职称；2023 年，中国科协将试点开展在京中央单位自然科学研究系列科普专业职称评审工作，这为科普专业人才的建设提供了有力抓手和平台。只有充分发挥好职称评聘的导向作用，才能建设一批高素质的专业化科普人才队伍。与此同时，要加强科普志愿者队伍建设，打造专兼职科普队伍。

（三）集中多方力量，培育高层次科普领头人

遵循科普人才成长规律，在培育民族地区高素质人才方面多下苦功夫。一方面，要加强与高校、先进地区的合作，采取"请进来""走出去"的办法，组织民族地区科普队伍到先进地区、高校开展科普培训，加强科普基本理论、科学传播规律、科普宣传方式、科技前沿知识等方面的培训。另一方面，邀请知名科普专家到民族地区开展科普工作，把先进地区的好经验、好做法、好理念引进民族地区，通过知名专家"传帮带"的作用，带动民族地区科普干部队伍的建设，打造一批带不走的、属于民族地区的高层次顶尖科普人才。设立科普专项奖励，营造科普工作良好氛围，激励各类科普人才创优争先。

（四）加强培训和实训，提升科普队伍素质能力

民族地区具有地域特色、民族特色的生活习性、人文风俗等，这要求科普人才队伍既要有专业的科学知识、科学方法、科学精神、科学思想，也要在工作形式上切合当地的具体实际，以群众喜闻乐见的方式互动，将科普工作有机融合到民族地区生产生活中，融入老百姓生活的点滴中，这样才能把科普真正做到群众的心坎上；要常态化组织科普队伍进行培训，让科普队伍掌握先进的科普方式方法、科普工作理念，增强科普能力；要积极探索创新民族地区富有特色的科普方式，例如广西河池、百色等地的"山歌科普"将科普知识与当地群众喜爱的山歌融合在一起，通过唱山歌的方式开展科普工作，深受群众喜爱。

（五）加强科协组织建设，提升科普队伍坚强后盾

科协组织是开展科普工作的重要力量，只有建好、建强科协组织，才能更好地打造过硬的科普人才队伍。各级科协组织要毫不动摇地坚持中国特色群众性团体组织发展道路，坚持自觉接受党的领导，团结服务科技工作者，依法开展工作；要规范县级科协建设，大力推进"智慧科协"建设延伸至县级科协组织，统筹推进加强乡镇街道、农村社区、农技协等基层科协（科普）组织建设，接长手臂，服务基层，强化"三长制"（医院院长、中小学校长、农技站站长）建设赋能，不断扩大"三长制"覆盖面。全面准确执行新时代党的组织路线，推动上下级科协之间、科协与其他单位之间人员双向挂职交流，拓宽民族地区科协干部交流成长渠道。

民族地区防震减灾科普工作思考

吴林波

［广西科技服务中心（广西少数民族科普工作队）］

中国边远民族地区泛指西部地区各省（区、市），例如内蒙古、新疆、西藏、云南等，以及部分中部省区及偏远地区，如青海省、甘肃省和四川西部。部分少数民族聚集区经济发展水平较低、交通闭塞、信息不畅，科教文化事业落后于全国平均水平。这些地区部分位于地震多发区，在地震灾害发生时，受震级、地理位置及地貌形态等因素影响，救援难度较大。另外，由于边远地区群众受教育程度低，对防灾减灾知识了解甚少，一旦遇到灾难就束手无策。这不仅严重影响当地人民群众生活质量，而且会危及社会稳定。所以做好防震减灾的宣传教育，增强边远民族地区公众防震减灾意识与自救互救能力具有十分重要的意义。

一、民族地区防震减灾科普工作存在的问题

防震减灾宣传工作在取得一定成效的同时，也存在着许多现实困难与瓶颈，制约着工作的开展。主要表现如下。

一些地方或部门没有充分认识到防震减灾宣传教育工作的重要意义，没有引起足够的重视，群众防震减灾活动参与感淡薄。防震减灾宣传教育与社会资源融合不充分，没有形成政府、部门和社会和谐有序、协同发展的格局。主要表现为宣传方式单一；内容针对性不强或重复较多；缺少对公众的系统全面的教育培训；宣传渠道过于狭窄；缺乏有效监管机制；未能充分运用现代化传播手段、发挥媒体与网络的作用，普及覆盖率较低，工作推进参差不齐；防震减灾宣传教育资金投入严重不足，缺乏稳定的投入机制与条件保障；专项预算、资金支撑与社会资源支持不足，基础设施差，缺乏统一规划、统一标准与统一要求；工作进展缓慢，起点较低，量小面广；防震减灾宣传教育内容单一、形式单调，缺乏对防震减灾公共产品的针对性、科学性、创新性、系统性、趣味性和艺术性等方面的创新，与大众传媒结合不够紧密，不能很好地发挥其在防震减灾中的作用；公众对地震科学知识认知不足，缺乏有效的知识获取途径；群众防灾避险意识淡薄，自救互救能力差；应急救援技能培训严重不足，专业人员短缺；防震减灾专业人才队伍薄弱，科普宣传作品数量不足；防震减灾科普宣传规划不完善，

缺乏战略研究能力；科技创新与科技成果转化脱节，科普宣传缺乏有效的部门协同及长效机制。这些问题严重制约了民族地区防震减灾事业的发展，影响到公众的防震减灾意识，削弱了公众的防震避震和自我保护能力。

二、民族地区防震减灾科普工作思考

（一）充分利用各种资源

科普工作要抓住有利时机，在全国减灾日等重大时段开展主题宣传活动，这对增强防震减灾宣传影响力起着至关重要的作用；要发挥好政府的主导作用，强化领导干部宣传工作，切实做好民族地区防震减灾科普知识宣传，为维护民族地区稳定和增强各民族团结起到积极推动作用；要充分利用多种平台扩大宣传范围。边远地区和我国经济发达地区相比，在各个方面相对落后，可用社会资源匮乏，所以要珍惜好每个机会并充分利用好各类资源开展防震减灾的宣传教育；要加大向社会力量购买服务的力度，支持有条件的学会、协会等社会团体承担科普任务；要通过政策引导、创新机制、搭建平台和共同开展活动等一系列有效措施，充分调动其他社会组织和企业参与的积极性，形成全社会共同推动民族地区防震减灾科普工作的合力。

（二）营造浓厚氛围

坚持"以人为本，科学减灾"的原则，运用多种渠道与资源，大力推进主题宣传活动。在"4·14"玉树地震和"7·28"唐山地震纪念日，以及防灾减灾日和科技宣传周活动的基础上，通过在广场上组织宣传和利用多种媒介播放防震减灾宣传片，同时发放防震减灾科普读物和图册等，增强公众防震减灾意识，从而提高广大人民群众防震减灾自救避险能力；充分利用电视台、电台、报纸等平台，并通过深入社区、学校授课的方式，宣传防震减灾科普知识和应急避险、自救互救知识。此外，要发挥好民族地区的宣传阵地作用，开展深度地震宣传活动，增强广大人民群众的地震意识；同时，还要加强对青少年学生的防震减灾宣传教育。通过各种途径向广大群众普及防震减灾科学知识，使广大人民群众牢固树立居安思危的忧患意识，增强抵御自然灾害的能力。

（三）坚持公开透明

在新闻媒体上做好信息发布和地震科普宣传咨询。一是用好"12322"防震减灾公益服务热线，细心为群众释疑解惑；二是安排专人接听区内外主要媒体及群众咨询电话；三是在地震发生后第一时间通过新闻媒体适时告知本次地震应急处置方案，同时监测预报结果、趋势判断和现场抢险救援进展。

（四）加强队伍建设

不断加强防震减灾队伍建设工作，通过面向民族地区防震减灾科普项目和任务的带动，吸引和凝聚更多的少数民族防震减灾科普宣教和作品创作人才来为民族地区的防震减灾科普工作服务；建设由少数民族优秀科技人才参加的、专兼结合的防震减灾科普专家队伍；引导和动员民族高校的专家、学者主动投身防震减灾科普宣传工作，使他们积极开展少数民族科普资源的创作和翻译，并且经常性地参加科普宣传活动；鼓励民族高校在校生参加防震减灾科普宣传活动，增强科普宣传活动效果；积极组织地震机构人员参加自治区、市组织的各种学习培训和外出考察学习发达地区先进经验等活动，全面提升防震减灾整体队伍建设水平。

（五）完善社会化协作机制

各级政府及有关部门要把地震灾害防治工作列入重要议事日程，切实履行好职责。要把防震减灾科普宣传教育工作列入各级政府宣传教育规划及中小学教学计划中，完善社会化协作机制并发挥各类新闻媒体及网络资源优势，构建防震减灾科普宣传工作长效机制，对公众进行防震减灾政策、防震抗震与自救互救及应急避险知识宣传与教育，增强公众防灾意识与自救互救能力。

（六）加强经费保障

把民族地区防震减灾科普工作纳入年度工作计划，安排一定的资金用于民族地区的防震减灾科普工作，特别是要加大对少数民族语言科普知识编辑、翻译等工作的资金投入。各地要结合实际，出台相关行业政策和激励制度，开展科普市场化探索，引导社会力量参与民族地区防震减灾科普工作。

总之，要取得中央对民族地区加大防震减灾宣传力度的大力支持。同时，要建立一套行之有效的地震灾害应急救援体系；健全地震监测预报系统，提高预警水平；加快西部大开发建设步伐，为防灾救灾提供基础保障；进一步完善社会救助制度，建立完善防震减灾普及宣传资金投入机制。从工程安排、技术及资金投入等方面扶持民族地区，减少地震灾害带来的损失，同时保证民族地区防震减灾的能力和水平不断提升，最终实现构建社会主义和谐社会的目标。

新时代民族科普工作的实践与探索

——以广西科协系统为例

陈中伟

[广西科技服务中心（广西少数民族科普工作队）]

科普工作是推动民族地区经济社会发展进步、边疆民族地区高质量发展的重要动力源。习近平总书记出席中央民族工作会议时指出，要"促进各民族紧跟时代步伐，共同团结奋斗、共同繁荣发展""必须构筑中华民族共有精神家园，使各民族人心归聚、精神相依，形成人心凝聚、团结奋进的强大精神纽带"；在参加党的二十大广西代表团讨论时，习近平总书记勉励广西"在推动边疆民族地区高质量发展上展现更大作为"。广西科协系统认真贯彻落实习近平总书记对广西工作系列重要指示精神，以科普服务民族地区，在促进民族地区群众铸牢中华民族共同体意识、推动新时代党的民族工作高质量发展方面取得积极进展。

一、民族科普工作的有效实践

（一）民族科普组织形式多样

广西科协在民族科普活动组织形式方面，实现了优化升级，使"小融合小共建、大联合大协作"格局初步形成。2023 年 5 月 17 日，柳州市柳北区科学技术协会联合柳北区科技局面向社区居民和青少年组织开展"铸牢中华民族共同体意识"社会科学普及志愿服务和科技体验活动，实现了跨部门推动民族科普工作格局。南宁市科技馆将科普活动与"壮族三月三""世界读书日""中国航天日"相结合，实现内部优势资源整合。来宾市象州县科学技术协会则联合团县委党支部、县残联党支部、县红十字会党支部于 2023 年 4 月 20 日联合开展"凝心铸魂共奋进 民族团结促发展"主题党日活动，推动民族科普工作与不同部门间的党支部共建，引导广大党员干部自觉将科普工作与党建工作、民族团结创建工作有机结合。

（二）民族科普活动内容丰富

内容是活动的灵魂。民族科普活动内容是否满足公众需求，是否设计巧妙、丰富直接决定了民族科普工作的成效。广西科协系统在组织开展民族科普活动时，着重将科学性、知识性、趣味性、民族性、体验性贯穿始终，将民族元素与科普讲座、科普活动、科普体验等相融合，着力提升民族地区群众探索知识时的体验感。2023 年 5 月17 日，贵港市科学技术协会在贵港市港北区大圩镇乐堂村小学将民族元素与科普活动有效深度融合，不仅开展了抛绣球民族活动，还组织开展了平安贵港、垃圾分类、民族团结应知应会有奖知识竞答活动等，吸引了社会公众对民族文化的关注，增强了科普宣传的动力。广西科技馆创新科普教育的形式与内容，在"巴克传情""百变巴克球"等趣味科学实验项目中，融入壮族服饰、绣球、转陀螺等民族元素，让公众不仅能体验到科学内涵，还能感受到鲜明浓郁的广西民族特色。

（三）民族科普权责机构明确

为全面加强民族地区科普工作，在广大民族地区群众中深入普及科技知识、传播科学思想方法，广西科协推动成立广西壮族自治区全民科学素质工作领导小组，对民族地区科普工作进行宏观指导统筹，并在广西 10 个自治县成立专门开展少数民族科普工作的队伍。以广西少数民族科普工作队为例，其 2021 年推动广西科协印发《自治区科协科技助力乡村振兴工作意见》，指导全区科协系统统筹加强民族地区、边境地区科普服务，为固边富民贡献科普力量；围绕群众生产生活需求，持续对马山、那坡、融水、乐业、忻城、金秀等民族地区开展各类培训 18 期，培训群众 1241 人次，涵盖灵芝、香菇、油茶、毛木耳、粉葛、肉牛养殖等民族地区主导产业，助推当地产业发展，助力各民族同胞增收致富。广西科协还促成了罗城仫佬族自治县科学技术协会、融水苗族自治县紫黑香糯种养殖技术协会分别与广西桂果果农业科技有限公司签订战略合作协议，帮助打造民族地区农特优产品品牌，打通销售"最后一公里"；推动环江毛南族自治县成立油茶科技小院，帮助其打造民族地区油茶产业人才培养、技术攻关平台。

二、民族科普成效的影响因素

（一）科普与科创同等重要的制度尚未形成

2016 年 5 月 30 日，习近平总书记在全国科技创新大会、两院院士大会、中国科协第九次全国代表大会上指出："科技创新、科学普及是实现创新发展的两翼，要把科学普及放在与科技创新同等重要的位置。"2022 年 9 月，中共中央办公厅、国务院办公厅印发的《关于新时代进一步加强科学技术普及工作的意见》中，明确指出"到 2025年，科普服务创新发展的作用显著提升，科学普及与科技创新同等重要的制度安排基本形成"。

从实际工作来看，在科技创新方面，广西在 2019 年成立了自治区科技领导小组，成员由各部门的一把手组成；在科学普及方面，广西分别成立了自治区全民科学素质工作领导小组、自治区科普工作联席会议 2 个机构，但这 2 个机构的组长却并非广西党委、政府一把手。科普与科创同等重要的制度安排尚未形成，科普领导机构的规格、稳定程度直接影响民族科普工作成效。

（二）广西人均科普专项经费相对较少

根据科技部 2021 年度全国科普统计数据显示，2021 年全国人均科普专项经费为 4.71 元。以获评 2021—2025 年度第二批全国科普示范县的来宾市武宣县为例，2020 年来，武宣县共投入科学技术普及经费 329.92 万元，全县年人均科普经费 3.08 元，与 2021 年全国人均科普经费相比少 1.63 元。

（三）资源集聚与品牌建设力度有待加强

截至 2023 年，广西科协系统已实现自治区、市、县科协三级内外联动，科普基地、学校、农技协同步发力，产业发展、人才培育、科学素质培育统筹推进的格局。但广西科协在挖掘自身潜力、发挥所属学会资源、与政府、社会资源共同推动民族地区科普工作开展方面有待加强；在民族地区开展科普活动的品牌较多，如科技助力乡村振兴促进民族团结农技培训会、"快乐科普校园行 民族团结一家亲"、"民族大团结 科普进壮乡"、"壮族三月三 民族团结一家亲"等，但尚缺乏在全区形成有影响力的品牌活动。

（四）民族科普队伍建设有待进一步加强

广西有 12 个世居民族和 40 多个其他民族，但尚有部分县未建立少数民族科普工作队，尚未实现自治县、民族乡科普工作队伍全覆盖。而新疆昌吉回族自治州在 2010 年前已经实现全州 7 个县、市少数民族科普工作队全覆盖。

三、民族科普工作的探索方向

（一）推动科普与科创同等重要的制度形成，强化科普投入

科学技术普及是科技创新的基础，直接关系高素质人才大军建设的成效。中国科协主动发挥自身作为科普工作主要社会力量的作用，推动各级党委和政府履行科普工作领导责任，推动各行业主管部门履行科普行政管理责任，争取把科普工作纳入国民经济和社会发展规划并列入重要议事日程，确保科学技术普及与科技创新协同部署

推进。

（二）推动协同合作资源集聚，共同打造广西民族科普品牌

充分发挥自治区全民科学素质领导小组、科普工作联席会议作用，聚焦民族地区科普工作，统筹科普力量，共同打造影响面广、社会反响好、群众吸引力强的民族科普活动品牌；发挥学会、协会、研究会专家人才集聚作用，引导专家深入民族地区，为民族地区产业高质量发展服务，满足各民族群众生产生活科技需求。

（三）加强民族科普队伍建设，推进民族地区高质量发展

一方面，要借鉴其他自治区民族科普队的建设经验，着力推动有条件的设区市、县（市、区）成立少数民族科普工作队，构建民族科普工作队伍体系与网络；另一方面要充分发挥科协联系专家、科技工作者的平台优势，围绕当地民族地区产业、文化等方面需求，深度挖掘学会、协会、研究会、高校科协人才资源，服务民族地区高质量发展。

浅议科技馆科普教育与民族地区文化的
融合与开发

唐金同

（广西科技馆）

随着社会发展和公众观念的转变，现代科技馆已经改变了以传授知识为主的观念和模式，已经由传统的"以展品为中心"向"以观众为中心"转变，注重深化场馆科普教育内涵与人文、艺术或民族文化等的有机结合，注重科学方法、科学精神和科学思想的传播与弘扬。

一、科技馆科普教育与民族文化的区别和融合

（一）科技馆科普教育的教育特点

科技馆是面向公众开展科普展览、科技培训等科普教育活动，以提高公众科学文化素质为目的的科普传播公共基础设施。相对于学校教育和传统博物馆的参观教育，科技馆注重通过科学性、知识性、趣味性相结合的展览内容和互动参与的形式来反映科学原理和技术应用，并鼓励公众动手探索实践，以此普及科学知识，培养公众的科学思想、科学方法和科学精神，提高全民科学素质。

（二）民族文化的教育功能

民族文化是各民族人民在长期共同生产生活实践中产生和创造的能够体现本民族特点的物质和精神财富总和，反映了该民族历史发展的水平，具有重要的教育价值。在开展民族文化教育的过程中，以审美的艺术教育为特征的文化教育，可以把公众带入民族文化的艺术宫殿，带动公众阅读民族的艺术史、审美史、科技史，让公众发现真、发现善、发现美，使公众逐渐形成优秀的精神品质。

（三）科技馆科普教育与民族文化的融合关系

科技馆科普教育与民族文化的融合应该是系统性的，而不是简单的两者相加。在两者融合过程中，科普教育是内容和目的，民族文化是形式和手段。从民族文化的审

美表达到科普内容的阐释展示，不仅可以提高公众对民族文化的鉴赏能力和认同感，而且能增加公众科学知识储备，培育其科学思想和科学精神。在这方面，中国科技馆做得很好，其中国古代传统技术展厅陈列着介绍中国四大发明及天文、建筑、冶铸、纺织、中医中药、机械等方面的展具、展品。例如，古代的火箭、战船，天文学上的浑仪、简仪，设计精巧的水磨、水车、指南针等，这些中华民族文化被巧妙地融入科技馆科普教育当中，将具有独特审美魅力的民族文化与现代科学思想、科学精神相结合，这在科学普及过程中起到非常深刻、直接的作用。

二、科技馆科普教育与少数民族文化融合开发存在的问题

（一）少数民族文化类科普资源开发条件落后

在众多科普教育资源中，少数民族文化类的科普资源开发难度较高，它不像科技成果或科学知识类资源，只要有基本的文本、图像、模型、视频等，就可以进行展览展示。文化类科普资源开发时，需要对其进行提炼、概括和浓缩，并且需要寻找到结合点和表现形式。另外，由于民族地区经济发展相对落后等原因，开展科普教育资源研发的各方面条件也相对落后，这也是少数民族文化类科普资源开发困难的一大原因。

（二）科技馆科普教育与少数民族文化的差异性误导

一是机构职能上的差异性误导。民族文化一般由对应的文化部门或博物馆等机构来专门研究、展示，科技馆如果涉足民族文化的研发可能会被视为"不务正业"。二是观念上的差异性误导。现阶段在部分公众观念里，科技与民族文化是两个概念，科技是"创新""高精尖"，民族文化是"传统""守旧"。此类差异性误导，给科技馆科普教育与民族文化的联系、融合与发展造成一种理念和实践上的障碍。

（三）缺乏可持续的长效工作机制

在科技馆科普教育与少数民族文化融合发展方面，资金投入、人才培育、政策扶持、项目支持等方面相对缺乏，很难形成可持续的长效工作机制，导致相关工作处于难以为继或停滞的状态。

三、以广西科技馆的探索与实践为参考，例证科普教育与民族地区文化融合开发的对策

（一）在科普表演或科普展品中融入民族文化，打造民族文化特色科普品牌

广西科技馆将广西地域特点和民族元素融入科技实践活动、科学表演、科普展品研发中，创新打造出一批极具民族特色的科普资源品牌。例如，趣味科学实验项目"巴克传情"和科普展品"磁悬浮绣球"较好地将壮族三月三抛绣球、转陀螺、壮族服饰等元素融入科学表演和展品展示当中。"民族蜡染"是广西科技馆针对我国西南民族地区世代相传的民间传统纺织印染手工艺，由自主研发的 5 个探究性实践活动组成的"民族蜡染资源包"，全方位展示了蜡染工艺的独特艺术魅力和民族特色。广西科技馆还设有民族创意工作室，主要开展创意性手工和民族手工等制作活动，如制作民族蜡染和绣球等传统工艺品。

（二）在科普资源建设中融入民族文化，发挥科普促进民族交流交融的作用

一是深入民族地区开展流动科技馆巡展、科技馆进校园等活动，注重与当地民俗活动及民族节庆相结合，例如田东芒果艺术节、金秀瑶族旅游节等；发挥科普大篷车机动灵活的特点，抓住少数民族群众赶集的日子，组织开展科普大篷车"月月行"、乡村农寨万里行等活动，打造一个以流动科技馆、科普大篷车为平台，以县（市、区）科技活动和重要民族节日为辐射点的科普教育活动品牌。

二是联合自治区文明办、教育厅等单位，在全区各地结合当地边、山、海、少数民族等元素，指导、支持建成青少年科学工作室、乡村学校少年宫等，推动他们开发特色科普产品，例如融水苗族自治县青少年活动中心的民族刺绣、百色市儿童活动室的壮族绣球、防城港市科技馆青少年工作室的航模等，彰显了老、少、边、海的文化科普特色，甚至成为当地科普教育名片。

三是找准科技馆科普教育与民族文化交流融合的结合点，通过开展科普展览、青少年科技实践等，吸引各族群众走进科技馆。2014 年，台湾花莲县少数民族青少年到广西携手当地青少年参观广西科技馆，印证两岸少数民族青少年友好交流的情形。

广西科技馆大力弘扬科学家精神，继承和发扬以爱国主义为核心的民族精神，引导各族群众参观国家科技发展成果成就展览，感悟家国情怀，得到各族群众的高度评价和热烈欢迎。

（三）推动科普教育发展，给予民族地区更多服务倾斜和政策支持，构建科普助力民族地区"科普文化"生态

一是大力推动科普资源流动和民族地区科普服务支持，实现科普均等化。截至2017年12月，广西通过推动流动科技馆巡展，年均惠及各族群众超过百万人次；组织科普大篷车深入全区各地的民族乡镇、农村、学校等，并邀请专家为各族群众进行各类农技培训。

二是给予民族地区青少年科技教育工作更多更大支持。广西在历年举办的青少年科技创新大赛、机器人竞赛、科技影像节等活动中，给予了民族地区更多的参赛名额和政策支持，还帮助民族地区学校申报中国科技馆基金会品牌科普公益项目"农村中学科技馆"。截至2021年，广西已建成52所农村中学科技馆，其中民族地区或民族学校有17所，覆盖10个少数民族自治县。

三是全力支持民族地区科技辅导员队伍建设。积极面向民族地区组织开展知识讲座、技能培训、交流学习等活动，打造广西中小学教师科学营等培训品牌，每年培训各级科技骨干教师、科技辅导员不少于2000人次，为基层市县培养了一批业务能力强、综合素质高的科技教育工作人才。

四是积极与民族地区学校开展民族团结进步结对共建，开展形式多样的民族团结进步主题教育和科技教育实践活动。

习近平总书记关于"科技创新和科学普及是实现创新发展的两翼"的指示精神是新发展阶段科普工作高质量发展的根本遵循。科技馆作为实现科普教育、文化宣传等功能的公共设施，需要担负起更加重要的社会责任和使命任务。而民族文化教育作为展现爱国精神、民族精神及提升人文素质的一种重要形式，可与科技馆科普教育融合创新，以科普的形式讲述"民族精神""民族故事""文化故事"，带动民族文化发扬光大；以民族文化的外在展示其"科学内核"。民族地区科技馆要积极探索打造符合民族地区科技馆自身特点的民族特色科普教育品牌，走具有民族特色的科普教育高质量发展之路。

发挥农村科普基地自身优势
助推农业特色产业提速增效

覃靖文

［广西科技服务中心（广西少数民族科普工作队）］

广西基层科协为助推农村地区农业特色产业发展，把建设农村地区科普教育基地作为加强农村地区科普工作、促进农村地区建设的重要举措来抓，推动了农村地区产业结构调整，促进了农民增收，取得了较好的效果。广西少普队就全区农村地区科普教育基地建设，引导农村地区村民依靠科技致富的情况进行了专题调研，为进一步发挥农村科普基地自身优势，助推农业特色产业发展提速增效提供参考。

一、发展现状

截至 2023 年，全区农村地区自治区级科普教育基地共有 6 家。这些基地的组成形式如下。

（一）经济合作组织型

广西五彩田园中农富玉科普服务基地以专业技术协会为主体，以技术服务为纽带，有稳定的技术合作、创新能力和利益分配机制，吸引当地专业户入会，形成了较大规模的生产基地，成立了田园综合体管理协会，制定了协会章程，建有办公室、阅览室等活动场所，切实搞好了信息、科技、物资和销售服务，推动了农民增收。

（二）龙头企业发展型

广西农贝贝农牧科技科普教育基地具有一定的规模，为农户提供示范带动、技术指导、设施完善等服务，发展订单农业，并与农户签订合同，结成利益共同体，引导农民走共同富裕的道路。

（三）依托市场带动型

八桂田园现代农业科普教育基地以市场为依托，以质量、品种求发展，影响农户、发展农户，带动农民致富。广西茶叶科普教育基地以茶叶生产加工有限公司为依托，与茶农签订"四定合同"（定茶叶品种、定茶叶质量、定收购价格、定最低保护价），实现了龙头连市场、基地连茶农的产业化经营新格局。

二、示范作用

广西农村科普教育基地以教育的方法普及农业产业新品种、新技术、新成果，传播农业产业生产信息和先进管理方法，有力地推动了农业产业结构的调整和乡村经济的发展，效果十分明显，主要体现在以下几个方面。

（一）促进了农业产业结构调整和农民收入的增加

农村地区科普教育基地在技术、资金、品种、服务等方面具有明显的优势，示范带动作用强。广西五彩田园中农富玉科普服务基地应用高新技术指导农业生产，把科技成果转化为生产力，通过内引外联引进超过 100 个稀特优品种，并积极推行标准化生产，争创无公害品牌。

（二）转变了思想观念，提高了服务水平

调查表明，农村地区科普教育基地不断健康发展的最重要的原因是人们思想观念的转变，人们从过去依靠勤劳致富的观念逐步转变到依靠科技致富的认识上来。农村地区科普教育基地通过与大专院校合作，聘请专家教授进行技术指导、业务培训，引进国内外优质新品种等措施，促进了农业品种、技术、知识更新。

（三）形成了比较明显的特色产业和示范效应

农村地区科普教育基地大都从事蔬菜、林果、茶叶等产业，随着这些基地经济效益的稳步产出，获得的收益又投入再生产中，并引领和带动周边农户不断投入这些产业中，成为农村地区一个村或一个镇的农业主导产业，形成了"一村一品""一镇一品"的良好态势，农村地区科普教育基地也随之逐步发展壮大，具有明显的区域特色和示范效应。

（四）做强做优农业特色产业，助推农业特色产业链强链、补链、延链

农村地区科普教育基地大都以当地农业特色产品的培育销售为主。随着农村地区科普教育基地在科普宣传及推荐中起巨大作用，农村地区科普教育基地主要科普农产品的市场竞争力和市场知名度得到了进一步提升，还带动周边农产品深加工产业发展，提升了农产品的附加值；实现了做强做优第一产业，做大做强第二产业的美好愿景；实现了做强做优农业特色产业的目标，助推农业特色产业强链、补链、延链。

三、存在问题和建议

通过调研发现，广西多数农村科普教育基地发展是卓有成效的，但有部分基地由于种种原因已名存实亡，起不到教育带动作用。从另一个角度看，全区科普教育基地的整体水平还不够高、分布的地区还不均衡、发展环境还不够宽松，且农业产业范围较狭窄，从生产领域到加工、保鲜、储藏、服务等环节较少，农产品增值效应还不够明显。为使广西农村科普教育基地不断完善功能、扩大规模、提高层次，让其在乡村振兴中发挥更大的作用，现提出相关建议如下。

（一）进一步加大对农村科普教育基地的奖补力度

广西各级科协要贯彻落实《中华人民共和国科学技术普及法》，高度重视农村科普教育基地建设，加大对农村科普教育基地的奖补力度，为基地发展营造良好的氛围，促进其健康发展。各级科协要在条件允许的情况下可建立自己的科普教育基地，发挥科协人才、技术、资金方面的优势，在全区率先推广新品种、新技术，推动农业产业结构调整，促进农民增收；要进一步发挥联系广、信息多、人才聚集的优势，加强与基地的联系，以科技周、产学研互动等活动为媒与大专院校、科研院所"牵线搭桥"，及时将最新的农业科技成果引进到科普教育基地，聘请专家教授开展技术培训和服务，为基地可持续发展提供科技支撑；安排专项资金扶持科普教育基地进一步扩大规模、引进新技术、更新品种，提高示范基地产品的科技含量，带动农民致富；要利用好脱贫攻坚与乡村振兴有效衔接政策红利，力争将农村科普教育基地建设及后期维护纳入脱贫攻坚与乡村振兴有效衔接资金奖补范围，在脱贫攻坚与乡村振兴有效衔接重点县（市、区）探索建设具有当地自身特色的农村科普教育基地。例如，来宾市金秀瑶族自治县建设具有当地自身特色的瑶医药科普教育基地；崇左市龙州县建设具有当地自身特色的蔗糖科普教育基地。这些基地可以做大做强当地农林业特色产业，助推当地群众增收致富。

（二）进一步加大对农村科普教育基地的指导管理力度

各级科协要加强对教育基地的指导管理，促进其健康发展。要帮助指导基地建立健全有关章程和规章制度，使其走上科学化、制度化的发展轨道，同时帮助基地在不断创新机制、取得实效上下功夫；对各教育基地进行动态管理，不定期进行检查验收，对不符合教育带动条件的取消其教育基地的荣誉称号。

（三）进一步加强对农村科普教育基地的宣传力度

各级科协在宣传科普教育基地时要从抓典型入手，选择能代表广西科普教育基地建设水平和产业特色的基地，通过专题报道、产品推介会等形式，以及抖音等自媒体传播途径，宣传科普教育基地在全区农业产业结构调整和促进农民增收中的积极作用，同时宣传科普教育基地的科普功能、经营管理经验、产品特色和科技含量，努力打造全区科普教育基地的品牌，提高其在全国的知名度，为科普教育基地构筑更高的发展平台。

（四）进一步强化农村科普教育基地带动农业产业强链、补链、延链作用

各级科协要深挖农村科普教育基地与当地第一产业、第二产业融合发展的事例，也就是深挖农业特色产品深加工事例，通过种植（养殖）、深加工、销售等一体化规划、建设、运营，进一步做大做强农业特色产品产业链，实现强链、补链、延链，最终实现做大、做强县域经济的美好愿景。

乡村振兴背景下"三农"科普的创新探索

——以广西科学技术普及传播中心的实践为例

刘林明

（广西科学技术普及传播中心）

"三农"科普对提升农民科学素质、培养现代农民、发展农业产业、建设和谐农村具有不可替代的作用。2021年，国务院印发《全民科学素质行动规划纲要（2021—2035年）》，计划在"十四五"时期，分别实施针对农民、青少年、产业工人、老年人、领导干部和公务员的5项科学素质提升行动。2022年9月，中共中央办公厅、国务院办公厅印发《关于新时代进一步加强科学技术普及工作的意见》，提出要"强化基层科普服务"，这为我国当前及今后一段时期组织开展"三农"科普活动明确了行动指南。

广西科学技术普及传播中心顺应时代要求，围绕中心，服务大局，依托开展"三农"科普服务60多年形成的品牌，出版与"三农"相关的报刊《南方科技报》，运营"南方农事"公众号、抖音号等科普平台的优势，加强与相关农业科研机构、企业的协同联动和资源共享，以内容生产、表达方式、运作机制的创新为突破口，不断提升"三农"科普服务能力，为广西这一多民族聚居地区培育和壮大特色农业产业，促进农民富裕和农村繁荣，全面推进乡村振兴提供基础支撑。

一、从"知识补缺"到"素质提升"，积极探索科普内容生产创新

广西都安、马山、三江等少数民族聚居县，农业模式单一，产业规模小，存在一定的返贫风险。为推进巩固拓展脱贫攻坚成果同乡村振兴有效衔接，2022年起，《南方科技报》连续推出"产业振兴"专版。专版聚焦民族聚居地区适宜发展的山羊、肉牛、蔗地套种、狮头鹅、肉鸽等特色高效益产业，由广西畜牧研究所、广西农科院、广西水产技术推广总站等农业科研院所相关专家撰写稿件，为相关农业产业壮大升级提供强大的科技支撑。"产业振兴"专版深入剖析产业前景，介绍关键技术，让知识与信息系统式呈现，一改以往产业稿件"零敲碎打"的模式，有力地助推农民系统获取相关农业知识，提升农民科学素质。

《南方科技报》近年还加大防疫、防灾方面的科普力度，提升农民健康及安全素养。

2020 年，新冠疫情突如其来，《南方科技报》迅速行动，开设"抗击疫情科普知识"专栏。专栏文章重点介绍病毒传播特点、防护消杀措施等方面的权威知识，以及最新的涉疫科技资讯，确保广大读者及时了解相关信息。广西以山地居多，并且沿海，崩塌、滑坡、泥石流等地质灾害及台风等气象灾害多发、频发。为让公众树立风险意识，增强灾害风险应对能力，2020 年 4 月，《南方科技报》开设"防灾减灾"科普专栏。专栏科普文章聚焦泥石流、台风、暴雨、冰雹、楼房坍塌、森林火灾等危险来普及防灾减灾知识，提升农民群体的安全素养，保障公众生命财产安全。

结合广西"三农"科普工作实际，广西科学技术普及传播中心连年编印提升广西公民科学素质系列读物。该系列读本契合乡村振兴背景下各涉农部门的科普活动需求，便于携带，借助各涉农部门深入农村、一线开展科普活动，传播范围更广，传播效果更好，有效助推农民群体科学素质提升。

要实现乡村振兴，必须做好乡风文明建设。2023 年清明节来临之际，一则"闰二月清明不宜扫墓"的传言在网络流传。广西科学技术普及传播中心新媒体针对这一流言迅速行动，策划制作了一期科普短视频在抖音号上播发，阐明闰月的形成原因，驳斥闰月与灾祸的关联，传播科学声音。该视频浏览量近 200 万，获赞 8.7 万次，有力粉碎了网络谣言，助力塑造乡风文明新风尚。

长期以来，"三农"科普以农技知识的推广普及为主。在乡村全面振兴的背景下，新时代"三农"科普的内容必然要从服务产业发展、服务农民生活、服务乡村建设、服务乡村治理的需求出发，实现从农业技术服务为主到全面提升农民科学素质的深度转变。

二、从"一张报纸"到"报网微抖"，积极探索科普表达方式创新

随着科技的发展，包括"三农"报刊在内的传统纸媒开启媒介融合进程。在这一背景下，广西科学技术普及传播中心在出版《南方科技报》的基础上，大力推进数字化转型，相继开通南方科技网，上线"南方农事"抖音号、公众号，构建起"三农"科普全媒体矩阵。

"南方农事"抖音号、公众号及网站的上线运营，顺应了当下信息传播移动化、社交化、可视化的趋势，实现了多元形式表达，扩大延伸了"三农"科普阵地，有效地拓宽了优质科普内容的传播渠道。依托微信公众号平台，广西科学技术普及传播中心还积极探索"三农"科普直播。2020 年初，正值春耕生产的关键时期，因疫情防控需要，防疫工作之外的物流、人流接近停滞，农技人员下乡及"三农"科普资料分发传

阅受阻。为应对疫情带来的冲击，广西科学技术普及传播中心联合相关单位，组织农业专家，创新开展"南方农技云课堂"科普直播活动。通过"南方农技云课堂"，把春耕春种急需的农技和防疫知识及时传播到了千家万户，为农民复工复产、增产增收提供了有力支撑。2021 年，"南方农技云课堂"成功入选全国新闻出版深度融合发展创新案例。

除了构建全媒体平台，广西科学技术普及传播中心还在打造"视听"报纸上进行了有益探索。2022 年，《南方科技报》开设"松材线虫病防控科普宣传"专栏 12 期。专栏文章通俗易懂，除图文配合外，还配有科普短视频。读者通过智能手机"扫一扫 看视频"，即可获得视频呈现的松材线虫病防控相关知识。

成功科普的关键有两个方面，一是确保科学性，二是能够采取让公众易于理解、接受和参与的方式。2022 年 6 月，广西科学技术普及传播中心记者创作完成《一头草地贪夜蛾的自白》。该文的写作采用拟人的修辞手法，将外来有害生物草地贪夜蛾置于"人虫大战"的故事架构中，晦涩难懂的生物知识由此变得趣味盎然，让普通大众感兴趣、看得懂、易"消化"。该文在《南方科技报》纸媒和网站同时发表，网站阅读量超过 26000 次，点赞数达 8400 次，并一举斩获首届广西网络科普作品创作大赛科普文章类一等奖。

借助新技术、新手段实现"三农"科普传播方式的年轻态，同时通过对内容呈现方式和话语表达方式的创新，实现"三农"科普"硬"内容的"软"表达，从而增强传播效能，有效助推农民科学素质全面提升。

三、从"独角戏"到"交响曲"，积极探索科普运作机制创新

《关于新时代进一步加强科学技术普及工作的意见》提出，"强化全社会科普责任""加强协同联动和资源共享，构建政府、社会、市场等协同推进的社会化科普发展格局"。

广西科学技术普及传播中心广泛动员各方力量，与各行业主管部门、科研机构、企业协同联动开展"三农"科普，推动全社会共同参与的大科普格局加快形成。2022 年，广西科学技术普及传播中心与中共南宁市青秀区委员会组织部、南宁市青秀区农业农村局、南宁市青秀区乡村振兴局等共同举办乡村振兴农技培训活动，围绕青秀区沃柑、甘蔗、澳洲坚果，以及蔬菜等特色产业，开展一系列农技培训，推广农业新技术、新品种，用科技赋能乡村振兴；与广西农业科学院共同开展"光驱避"防控荔枝蛀蒂虫等新技术，以及"仙进奉"荔枝等新品种的科普直播及现场观摩，促进农业增效、农民增收；与广西华沃特集团股份有限公司共同开展油茶适用新技术培训，助推

广西巴马、隆林等少数民族聚居县将"小油茶"打造成乡村振兴"大产业"。

广西科学技术普及传播中心以市场为导向，发挥平台聚合力，动员各类社会资源，实现"三农"科普从"独角戏"到"交响曲"的转变，引导更多优势科普资源下沉乡村尤其是少数民族聚居村寨，助力绘就农业强、农村美、农民富的八桂大地新图景。

浅析青少年报纸如何提升科学精神和科学家精神的传播力

李伟妮

（广西科学技术普及传播中心）

科学成就离不开精神支撑，其中的主要精神就是科学精神和科学家精神。2020 年 9 月 11 日，习近平总书记在科学家座谈会上指出，"科学家精神是科技工作者在长期科学实践中积累的宝贵精神财富"。2021 年 3 月 11 日，全国人大通过的《中华人民共和国国民经济和社会发展第十四个五年规划和 2035 年远景目标纲要》提出，"大力弘扬新时代科学家精神""弘扬科学精神和工匠精神，广泛开展科学普及活动，加强青少年科学兴趣引导和培养"。

青少年是国家的未来，在青少年群体中弘扬科学精神和科学家精神往往比普及科学知识更重要。青少年报纸是青少年最主要的阅读纸媒，如何才能有效地提升科学精神和科学家精神的宣传是新时代青少年报纸从事科学传播的重要课题。

一、重视科学精神和科学家精神的不同内涵，科学选择稿件和设置专栏提升其传播力

传播力是指实现有效传播的能力，它的大小一般取决于传播内容和传播方法。对于青少年报纸而言，要提升其科学精神和科学家精神的宣传力，首先应客观分析科学精神和科学家精神的不同内涵，并根据其特点有针对性地选择科学稿件和设置科学栏目。

什么是科学精神？中国科学院院士、原中国科协党组书记怀进鹏在 2020 年全国科普日提出"科学三问"时表示："科学精神是指科学实现其社会文化职能的重要形式，包括自然科学发展所形成的优良传统、认知方式、行为规范和价值取向。"也有学者把科学精神总结为七种表现：求真精神、实证精神、怀疑精神、创新精神、平等包容精神、团结协作精神、拼搏奉献精神。

什么是科学家精神？中共中央办公厅、国务院办公厅印发的《关于进一步弘扬科学家精神加强作风和学风建设的意见》提到大力弘扬六种科学家精神：一是大力弘扬

胸怀祖国、服务人民的爱国精神；二是大力弘扬勇攀高峰、敢为人先的创新精神；三是大力弘扬追求真理、严谨治学的求实精神；四是大力弘扬淡泊名利、潜心研究的奉献精神；五是大力弘扬集智攻关、团结协作的协同精神；六是大力弘扬甘为人梯、奖掖后学的育人精神。

可见，科学精神和科学家精神的内涵丰富、相互包容，科学精神最集中体现为科学家精神。因此，对于青少年报纸而言，分门别类地针对某一点或某一方面制定传播方案，选择相关科学稿件，会更精准，更能打动青少年；同时，就科学精神和科学家精神的某一方面开设专栏，将科学精神和科学家精神方面的科普文章进行分类，进而系列报道某一主题或专题中的科学家和科学家的活动，也能帮助青少年较为系统地接受某一方面的科学精神和科学家精神的熏陶，从而给青少年留下深刻印象，达到提升其传播力的目的。

《小博士报》紧跟时代步伐，加大了科普文章的编辑和刊登力度，在不同的周刊定期推出不同主题的科普文章。例如，《小博士报》科学与奥秘周刊针对我国的科技成就开设"热点关注"栏目，专门编辑刊登《厉害了！北斗三号卫星》《九天揽月　五洋捉鳖》《畅游科技创新"派对"》等科普文章，弘扬科学精神中的创新精神；开设"八桂科技精英"栏目，专门编辑宣传八桂科学家追求真理、严谨治学的求实精神等。

二、重视科学中的人文要素，通过编辑科学故事，提升弘扬科学精神和科学家精神的传播力

科学家精神来自人文思想。秦汉时期儒家重要著作《大学》曰："物格而后知至，知至而后意诚，意诚而后心正，心正而后身修，身修而后家齐，家齐而后国治，国治而后天下平。"这里提出了教育的八大要素：格物、致知、诚意、正心、修身、齐家、治国、平天下。其中，"格物"是研究客观世界；"致知"是认识客观世界，这是讲科学；"诚意、正心、修身"讲的是做人，这是讲人文；后面三要素讲的就是科学与人文结合需要达到的目的，即"齐家、治国、平天下"。进入新时代，我国广大科技工作者赓续老一代科学家宝贵精神财富，积极投身建设世界科技强国的宏伟事业，这里的爱国奉献精神与古人所说的"齐家、治国、平天下"异曲同工。

美国知名科普作家兰迪·奥尔森在著作《科学需要讲故事》一书里旗帜鲜明地指出，"科学充满了故事""科学家们必须意识到，科学是叙事过程，而叙事就是讲故事，所以科学需要讲故事"。而在现实生活中，青少年喜欢听故事。

因此，我们在制定培养科学精神和弘扬科学家精神的传播途径时要注重科学与人文相结合，重点挖掘科学故事和科学家的爱国奉献故事。同时，科学家只有把故事讲

得生动和平易近人，才容易感染和打动青少年，使他们对科学家的崇拜升华到热爱国家而努力学习的高度。例如，《小博士报》针对科学家的科学故事，设置了"走近桂籍科学家""科学家的故事"等专栏。这些专栏均有一个明显的编辑特点，即通过述说一个个生动有趣的科学家小时候的成长故事、从事科学研究不畏艰难险阻的攻关故事、生活中的有趣故事等，向青少年读者展现一个个鲜活的科学人物形象和他们的内心世界。青少年读者往往会被这些故事中的某些情节所吸引，从而避免了生硬的说教，留下深刻印象，达到提升弘扬科学精神和科学家精神传播力的目的。

三、重视科学中的美学要素，通过编辑科学漫画、科学图片和科学绘图，提升弘扬科学精神和科学家精神的传播力

随着现代社会的发展，科学与美学的关系变得非常密切和复杂。美学提升了科学的观赏性和感受，而科学本身蕴含着美。实践证明，在科学与美学的结合中，通过一定的编辑方法，重视表达科学中的美学，可以增加青少年对科学的喜爱程度，加深青少年对科学的印象，在潜移默化中实现科学精神和科学家精神的有效传播。

漫画在青少年群体中拥有广泛的根基，它比单纯的文字叙述更加受到青少年的喜爱。漫画能够以夸张、比喻、象征等表现手法和形式简练的笔法，直接表达事物本质和特征。同时，漫画作为绘画作品，本身具有很强的美学元素，能够起到很强的渲染和先声夺人的效果。因此，科学知识、科学故事和科学家故事采用漫画形式编辑排版，不仅能够达到漫画作品本身的阅读效果，还有利于读者在科学漫画作品中进行思考、调查、研究和推理，从而提升科学素质，达到增强科学传播力度的目的。

另外，媒介的存在与创新，极大地改变了人类对世界的认识，推动着人类文明的演进和发展。随着互联网的迅速发展，人们的阅读具有便捷性、即时性和交互性等特点。图片新闻因其方便快捷、图文并茂、生动形象、一目了然等特点，成为大众喜闻乐见的阅读作品模式，而精美的图片本身又含有很好的欣赏性，容易给人留下很深的印象。对于科学而言，很多科学图片本身就具有很高的美学价值。例如，2020年5月广西科技馆举办了一场"镜见创新——发现科学之美"主题展，展览中有大量真实的科学照片。其实，这些照片就是一件件图片新闻，它们从美学的角度展示新中国重要的科学发现和科技成就，例如航天事业、生命科学和地球科学等。观众徜徉在这样的展览中，不仅了解到科学知识，更感叹科学原来如此美好。

为此，《小博士报》一方面加大了科学漫画和科学图片的刊登数量，另一方面提高了相关的内容质量，取得了较好的传播效果。例如，《小博士报》在低年级周刊第四版设立了"科普漫画""植物开心乐园"等栏目，在中年级周刊第四版定期推出卡通旋风

谷专版,在高年级周刊第四版设立"科普漫画屋""漫悠悠"等栏目,在科学与奥秘周刊推出"大侦探在线""科学漫画屋"等栏目,这些专版和栏目均编辑科普漫画作品,以独立成文或连环画的形式普及科学知识,弘扬科学精神和科学家精神。又如,《小博士报》在编辑科普文章时,还特别注意在文章中添加精美的科学图片和科学绘图,用来表达科学。2018年11月9日,《小博士报》低年级周刊在刊登《通往梦想的桥》一文中穿插了大量的精美图片和科普绘图,其在青少年报纸报道港珠澳大桥系列报道中独树一帜,使科学报道内容变得形象直观、通俗易懂。该文获得中国少年儿童报刊工作者协会组织的"第十三届少儿报刊六一好作品编辑奖"一等奖。

由此可见,对于青少年报纸而言,创新编辑科学漫画、精美的科学图片和科学绘图,容易达到科普内容与美学欣赏间的相互融合与促进,既降低科普文章的阅读难度,又能够吸引读者广泛阅读,提升弘扬科学精神和科学家精神的传播力。

四、重视科普文章的美术编辑,采取多维度灵活的编排设计,提升弘扬科学精神和科学家精神的传播力

在青少年报纸中应用灵活多变的美术编辑方法,对于增强文章的传播力和影响力起着非常重要的作用。通过对科普文章进行精心的版式设计,更能加强文章和版面的形象认知度,增强文章的亲和力和感染力,提升弘扬科学精神和科学家精神的传播力。

《小博士报》根据青少年的思维活跃特点和认识喜好,在文章的美术编辑和版面版式设计中采取了与成人报纸完全不同的风格。《小博士报》在版式设计中更多采用非对称图形,由弧形、椭圆、多边形等相互结合,让文章版块共同组成各种图案,形成整个版面错落有致、图文并茂、风格各异、变化多端的风格,这样的美术编辑方法常能让科普文章、科普栏目或科普专版给读者耳目一新的感觉。

另外,《小博士报》还注重给科普文章加强色彩搭配。色彩是青少年报纸版面和文章的重要情感元素。好的色彩具有非常强的表现力和感染力,能够立刻吸引读者的目光,调动读者丰富的内心世界,进而留下深刻印象。在这方面,《小博士报》一直强调文章和版面色调要鲜艳明亮和柔和,色彩上多姿多彩、活泼美观,线条流畅,重点突出。因此,《小博士报》在科普文章中的美术编辑方法已经得到行业认可,多次获得专家的好评。

五、紧跟科普热点,采取"报纸 + 科普活动"的模式,提升弘扬科学精神和科学家精神的传播力

开展科普活动是推进我国科普工作的重要任务,是大力实施科教兴国战略、全面

推进素质教育的重要举措。科普活动有利于普及科技文化知识，营造学科学、爱科学的氛围，有利于弘扬科学精神和科学家精神。青少年报纸在刊登和宣传科普文章的同时，也应积极走进学校，结合自身的报道特点，结合重大的科普活动日和科学热点，以及一些重大的科学现象和科学事件，开展丰富多彩的青少年科普活动。

科普活动的成功开展，一方面可以拉近读者与报纸间的互动，增加相互间的信任感，有利于提高读者阅读报纸的主动性和积极性；另一方面，在科普活动中，报纸编辑可以了解到青少年学生对科普文章和科学人物的喜爱特点，并据此选择和编辑相关内容，针对性也会更强。

《小博士报》紧跟科普热点，采取"报纸＋科普活动"的互动模式，在提升弘扬科学精神和科学家精神的传播力方面取得了一定的效果。例如，2023 年 3 月 18 日，广西科普传播中心结合自身出版的《小博士报》的办报特点，举办了第二届广西青少年数学科技文化活动，活动包括数学项目决赛、科普联展、数学科技文化活动专家讲座报告。全区 120 余所中小学组织了相关活动，10 万余名学生参与其中，科学传播效果明显。

另外，青少年报纸弘扬科学精神和科学家精神的传播方法还有很多，例如加强科普文章的标题制作，多用动词等，让标题"动"起来；加强科普文章的语言编辑、体裁设计、穿插互动和延伸阅读等，让科普文章"活"起来"丰富"起来。又如，利用青少年报纸的官方网站、微信公众号、抖音号等新媒体平台宣讲科学精神和科学家精神等。

六、结语

综上所述，弘扬科学精神和科学家精神是新时代的需要，是青少年报纸从事科学传播的重要任务。多维度融合创新青少年报纸的编辑方法和活动形式，可以有效地提升科学精神和科学家精神的传播力和影响力。

实践探索

积极开展民族科普活动　助力提升全民科学素质

——以柳州科技馆为例

柳州市科学技术协会

随着科技的飞速发展及人工智能时代的到来，科学技术已经渗透到我们生活和学习等方面的各个领域。然而，一些偏远地区和民族聚集区域还存在着科技知识普及度低、民众科学素质不足的问题。为了保障国家的科技进步，必须更广泛地提高民众科学文化素质，开展民族科普工作成了当前的关键工作之一。在全面建设社会主义现代化国家的新征程上，一个民族都不能少。

柳州科技馆作为全市开展科普宣传的重要阵地之一，注重加大对民族地区的科普宣传力度，助力提升全民科学素质。同时，柳州科技馆积极打造民族科普教育品牌，对增强民族科学素质、促进民族文化传承和推动民族地区经济发展起到了积极的作用。

一、聚焦科普活动进校园，促进民族青少年交流融合

柳州科技馆走进柳州市五县五区各地学校开展科普大篷车进校园活动，激发学生科学兴趣。尤其是柳州的融水苗族自治县和三江侗族自治县，每年都会把科普大篷车开进偏远的民族地区学校开展科普活动，极大地激发了少数民族青少年学生的科技兴趣及创新精神。2022年5月19日，柳州市科学技术协会（以下简称"柳州市科协"）、柳州科技馆把科普大篷车开进融水苗族自治县白云乡中心小学，通过开展科学实验秀、航模表演、机器人舞蹈表演，以及科普宣传展板、展品展示讲解等丰富多彩的科普活动，吸引了广大师生参与其中，让偏远山区的少数民族学生感受科学魅力、体验科技乐趣，激发各族青少年学生探索科学的热情，提升科学素质。柳州科技馆将科普活动与民族团结有机结合，共绘校园民族团结同心圆，打通偏远民族地区科普传播"最后一公里"，助力提升全民科学素质。

2023年3月5—10日，柳州科技馆与广西科技馆、防城港市科技馆携钦州、北海科普大篷车联合开展"奋进新征程科普走边疆"活动，并与全区其他科技馆联动，走进了北海、钦州、防城港、崇左这4座边疆城市，为6所学校的10000余名学生和少数民族群众带来了数场精彩的科普教育活动，加强了沿海沿边民族地区科普活动的开展，促进了民族团结，提升了边疆地区群众的科学素质。

2023 年 5 月 9—10 日，柳州科技馆走进河池市罗城仫佬族自治县、都安瑶族自治县学校开展了全国科技馆联合行动的"礼赞科学家""新时代科学少年"主题联动科普活动，进行了流动 3D 电影播放、科学家精神科普讲座、科普大篷车展品互动、望远镜观测体验等活动，面向少数民族青少年大力弘扬科学家精神，引导少数民族青少年厚植爱国情怀，树立热爱科学、崇尚科学的社会风尚，进一步促进民族地区和农村地区科普活动开展。

柳州科技馆科技辅导员进行科普秀表演

二、宣传科技教育工作政策，带动民族地区素质发展

相关部门可以在历年组织开展的青少年高校科学营、广西中小学教师科学营等活动的名额分配中向民族地区学校倾斜，鼓励更多少数民族青少年学生及教师参与到科普教育活动中。2023 年，柳州市科协将近半数的名额分配给了民族地区学校，覆盖壮族、苗族、瑶族、侗族、仫佬族等少数民族学生。学生用一周的时间在高校科学营活动中深入体验科学、科研，以及体验大学生活。他们不仅能聆听到名师的专题讲座，还能走进重点实验室领略前沿科技，直观感受到大学生活的魅力。这些活动开阔了民族地区学生的视野，在他们心中撒下了科技强国的梦想种子。柳州市科协每年举办柳州市青少年科学素质竞赛、柳州市青少年创新大赛、柳州市青少年科学荟等竞赛活动，全市超百余所学校参赛，这不仅给予了民族地区青少年更多展示自我、交流学习的平

台，而且促进了民族地区青少年科学素质的提升。柳州市科协还大力推进青少年科技教育师资人才队伍建设，每年开展 2～3 期全市青少年科技辅导员培训班，每年线上线下培训科技辅导员超千人次，打造了柳州市科技教师培训品牌，为一线学校培养了一批专业素质过硬、综合能力强的少数民族师资队伍。

柳州市少数民族学子参观黄埔军校旧址

三、依托自治区级科学工作室，搭建民族科教融合平台

柳州科技馆拥有自治区级青少年科学工作室，在带动全市青少年科技教育方面具有重要作用。2020 年，柳州科技新馆建成，新馆第五层整层为青少年工作室，在原省级工作室的基础上新建了生命科学园、创新教育社、科学影像社、无人机营地等工作室，创建了柳州科技馆探创空间，成为青少年校外科技教育的第二课堂。柳州科技馆以新馆建设全新的自治区级科学工作室为契机，开展多种多样的科普活动，如"消失不见的水""月相成因""叶脉书签的制作"等课程，吸引了全市各民族青少年的参与，极大地激发了民族地区青少年的科学兴趣，让学生感受科学的奥妙，实现了"学中玩、玩中学"。在线下多种多样科普活动的基础上，柳州科技馆探索创新开展线上科普，开发探创空间"云课堂""原来科学这么有趣""科教助你走出'心'世界"等科普课堂 30 余期，研究开发具有趣味性、观赏性的科普视频 127 个，并通过柳州科技馆视频号、抖音号进行直播、发布，浏览量超 100 万人次；创新"云端"科学课堂，服务中小学校十余所，直接服务对象超万人次。2023 年，柳州科技馆将研学实践教育活动与柳州科技馆青少年科学工作室联动开展，研制了全新的三条研学路线，学校可根据本校实际情况，自由选择教学内容，极大地丰富了研学实践教育活动的内容，为民族地区青少年带来了丰富多彩的科普"菜单"，搭建了民族地区科教融合的大平台。

柳州科技馆探创空间科普活动"叶脉书签的制作"

现柳州市共建立青少年科学工作室，科普示范社区，国家级、自治区级、市级等各类科普教育基地 200 余个，近 5 年来共开展科普大篷车"进校园、下基层"活动近 200 次，普惠群众 16 万人次；形成了以点带线、以线成面、以面扩体的立体化科普宣传阵地，并将科普活动不断延伸到各民族地区，不断扩大偏远地区和民族地区科普教育覆盖面，提升全民科学素质。下一步，柳州科技馆将以"积极开展民族科普活动 助力提升全民科学素质"为抓手，不断开拓创新发展民族地区科技教育方式方法，不断丰富青少年科技创新活动载体，以"科普 +"的形式，做好"双减"政策下科学教育加法。为充分发掘柳州市民族青少年科学素质发展潜能提供有力支持，稳步提高全民科学素质水平。

让科普触手可及，让公众与科学"零距离"

——中国流动科技馆广西巡展（北海站）社会化运行案例

曾卉　王美玲

（北海市科学技术协会）

中国流动科技馆广西巡展（北海站）社会化运行项目于 2021 年 7 月启动，经过一年多的运行，基本实现了社会力量助力科普、优质科普资源开放共享、公众与科技知识"零距离"接触的科普新格局，为公众参与科普、学习科技、体验科学打造了一个崭新的科普平台。

一、背景

自 2014 年 11 月 4 日中国流动科技馆在北海市首次巡展，2016 年底中国科协为北海市专门配置一套流动科技馆以来，中国流动科技馆在北海市举办巡展活动 15 场，实现了北海市各县（区）巡展全覆盖，有效弥补了北海市未拥有科技馆的情况。基于中国流动科技馆在北海巡展产生的良好社会效益和北海市科学技术协会（以下简称"北海市科协"）多年来开展流动科技馆巡展活动积累的丰富经验，广西科协、广西科技馆、北海市科协决定共同探索流动科技馆在北海的社会化运行，以及实践公益科普与企业运营强强联合的创新思路。

二、做法及成效

（一）精心打造，助推运行模式创新实践

中国流动科技馆广西巡展（北海站）社会化运行项目位于北海城市中心购物广场 4 楼晨晖·北海文化教育城内，展区面积达 800 m²，分为中国流动科技馆巡展、"燃冰逐梦——2022 年北京冬奥会主题冰雪运动科普展"两个主题展区。

展馆内建立了"分区体验＋分组探究＋团队分享"的研学运行模式，展馆周边还配套建设了青少年科技创新工作室、科普影剧院、多媒体教室、科学实验室、阶梯式科普讲座室。青少年科技创新工作室和社会科技团队经常配合流动科技馆巡展举办开放活动，包括辅导学生动手制作科技小课件，举办机器人、无人机、船模、天文观测

等表演和体验活动等。2021 年 12 月 9 日，科普影剧院作为北海市"天宫课堂"主课堂，为青少年学生开设了"天地通"科普讲座。2022 年冬奥会期间，增设的冬奥科普主题展区既传播了冰雪运动的科普知识，又能让公众体验冬奥运动乐趣，成为北海市春节活动公众网红打卡地，受到群众的广泛欢迎。

流动科技馆社会化运行过程中采取"请进来""走出去"的形式，主动与各县（区）科学技术协会、教育局、学校联谊协作，双向开展科普传播活动，并邀请全市中小学校组织学生分批到展馆观摩，配套开展科普影视播放、科普剧表演、科技实验等趣味性科普互动活动；同时，还与各相关教育机构、中国电子学会北海服务中心联合开展青少年编程、机器人及无人机创客比赛；主动融入北海市创建全国文明城市工作，开展科普教育基地践行社会主义核心价值观活动；助力全国科普日活动开展"动手科学实验，探究科学奥秘"亲子系列活动；配合市科协科普大篷车开展进社区、进学校开展"快乐暑假、科技探究与你同行""童心向未来，共逐科技梦"等主题科学普及志愿服务活动。

（二）上下联动，站点运行顺利成效显著

在流动科技馆社会化运行启动和运行过程中，广西科协、广西科技馆给予了大力支持，对展馆选址进行现场调研和指导。科技馆工作人员精心规划场地、安装调试展品、培训工作人员，为流动科技馆巡展奠定了坚实基础。通过上下联动、形成合力、积极作为、精心打造，在实践"跨界科普，科技为民"的同时，营造全社会科普资源开放共享的环境。

北海市科协将流动科技馆巡展社会化运行站点作为市科普教育基地进行培育，并给予经费支持，安排专人联系指导站点开展工作，积极建立科普志愿服务队，发展科普志愿者，建立科普服务制度，制定科普工作方案，完善安全保障措施，为巡展活动规范运行提供了强有力的保障。

中国流动科技馆北海站站点经过一年多的运行，成效显著。截至 2022 年 10 月，站点承办北海市"全国科普日活动""天宫课堂""献礼二十大，科普助力新征程"科普讲解大赛等主题活动近 30 场，接待 20 余所学校团队 70 余个，观摩人数达 30000 人次。活动涵盖北海市一县三区中小学校和市区居民，真正形成讲科学、爱科学、学科学、用科学的良好风尚，并得到上级科协、科技馆的充分肯定，同时站点被评为中国流动科技馆广西巡展项目 2021 年度"优秀运行单位"、2021 年"八桂科普大行动"优秀组织单位。此外，"快乐暑假，科技探究与你同行——科学普及志愿服务活动"获得 2021 年"八桂科普大行动"优秀特色活动。

（三）立体宣传，推动科普工作提质增效

为扩大影响力，北海市科协和中国流动科技馆北海站站点承办方高度重视流动科技馆的社会宣传，通过《北海日报》、北海广播电视台、北海城市门户网站及新兴媒体广泛开展宣传报道，"中国流动科技馆运行十周年"纪念活动、"天宫课堂"、"燃冰逐梦——2022年北京冬奥会主题冰雪运动科普展"、"北海市2022年全国科普日启动仪式"、"献礼二十大，科普助力新征程"科普讲解大赛等都产生了较大社会影响。站点线上科普平台将展品的动画演示、科普原理解说制作成短视频和微信文章在平台上推送，推送抖音科普视频19条，浏览量超5万余次，让科普走进千家万户，让科普变得触手可及。

三、经验启示

随着人们生活水平日益提高，公众对科学知识的渴求也日益增强。科协作为《中华人民共和国科学技术普及法》赋予的科普工作主要社会力量，如何发动社会力量夯实科普基础设施建设、科普队伍建设，提升科普服务能力，是科协在实践工作中要深度思考和广泛探索的主题。广西科协、广西科技馆、北海市科协通过联合企业共同探索和实践中国流动科技馆巡展社会化运行，在一定程度上弥补了北海市科技馆建设空缺短板，并实现了社会力量助力科普的良好社会效益，为北海市今后进一步与企业、科普教育基地、社会教育机构等社会力量强强联手，做大做强科普传播活动积累了经验、拓展了思路，也提供了更大的探索空间。

四、问题不足

（1）配套的科普设施建设不足，配套科普活动不够丰富，影响力还不够广泛，辐射面主要集中在流动科技馆附近的城区学校、社区。

（2）2022年下半年受新冠疫情防控影响，入馆观摩人流量明显减少，未能很好地发挥流动科技馆助力教育"双减"政策实施的作用。

（3）"线上科普平台"建设不够完善。

五、对策建议

（1）发挥青少年科技创新工作室作用，培育一批优秀科技骨干教师，指导青少年学生规范开展科技探究实践活动。

（2）积极探索、勇于创新，结合中、小学课程内容配套开设科普课程，打造好玩

的物理、有趣的化学、神奇的生物、迷人的地质等 4 个主题实验室。

（3）引入青少年航模竞赛教育，标准化指导学生进行训练，推荐并组织学生参赛。

（4）成立"科普俱乐部"和"线上科技馆"，持续推送流动科技馆所有展品的动画演示、原理讲解等视频，开通信息互动、线上解答，打破时空和地域的限制，让科普无处不在。

玉林建设十大科技小院助力乡村振兴

玉林市科学技术协会

党的二十大报告提出，全面推进乡村振兴。习近平总书记在陕西省延安市、河南省安阳市考察时指出，要全面学习贯彻党的二十大精神，坚持农业农村优先发展，发扬延安精神和红旗渠精神，巩固拓展脱贫攻坚成果，全面推进乡村振兴，为实现农业农村现代化而不懈奋斗。习近平总书记关于科技创新的系列重要讲话精神，为我们开展农业领域科技创新、奋力推动科技资源向农业生产一线流动提供了根本遵循，指明了前进方向。玉林市通过建设十大农业产业链科技小院，开辟科技助力乡村振兴"新赛道"，为加快玉林市第一产业、第二产业、第三产业融合发展作出积极贡献。

一、地方政府大力支持，科技小院蓄势待发

玉林市委、市政府的领导对玉林市农村专业技术协会（以下简称"玉林市农技协"）、科技小院建设高度重视，经常到玉林市科学技术协会（以下简称"玉林市科协"）和玉林市农技协、科技小院现场调研，对发展壮大玉林市农技协、科技小院提出建议并帮助其解决实际困难。在 2021 年 11 月玉林市乡村振兴工作组出台的《玉林市全面推进乡村振兴示范区建设的实施方案》中，明确提出要"推动市县名、特、优、新产品成立农技协。对应特色产品打造全市科技小院布局体系，推动广西容县沙田柚科技小院、广西玉林三黄鸡科技小院建设。"2022 年，玉林市聚焦产业发展需求，充分发挥政产学研的平台作用，加快集成示范和推广一批实用的技术和产品，打通农业技术推广普及的"最后一公里"，不断推动玉林市传统农业产业转型升级，高效助力乡村振兴。玉林市市领导在充分调研的基础上，提出把玉林市粮食生产及加工、米粉、沙田柚、百香果、荔枝、桂圆、中药材、食用菌、沉香、优质家畜家禽等重点农业产业链做强做大，并要求在十大重点农业产业链中筹建科技小院；同于 2022 年 3 月印发了《玉林市十大重点农业产业链科技小院筹建工作方案》，玉林市给每个科技小院安排经费 20 万元进行支持。2023 年，玉林市科协召开了玉林市十大重点农业产业链科技小院建设工作推进会，进一步明确要建设玉林市十大重点农业产业链科技小院，这既是玉林市农业科技领域的创新举措，也是实施科技助力乡村振兴战略的重要行动；这要求各有关部门单位要全面贯彻落实创新驱动发展战略部署，深刻认识和把握当前玉林

市科技创新工作的新形势、新要求、新任务，以加快推进建设全市十大重点农业产业链科技小院为契机，引领广大科技工作者充分发挥科技助力乡村振兴的作用，依靠科技创新驱动，引领支撑玉林市现代农业高质量发展。玉林市十大重点农业产业链科技小院的建成，必将产生巨大影响和品牌效应，也为今后申请中国科技小院联盟授牌做好充分准备。

二、各方加强联合协作，形成共建科技小院的合力

科技小院要做强做大，需要各方的联合协作。地方党委、政府和各级部门要提高思想认识、凝聚共建合力，共同加快推进玉林市十大重点农业产业链科技小院建设，各县（市、区）、有关部门切实按照《玉林市十大重点农业产业链科技小院筹建工作方案》文件要求，为农业产业提供切实可行的区域性技术服务和解决方案。科技小院各依托单位、共建单位及有关部门要加强沟通合作，以项目为支撑，争取社会多方支持，为科技小院运行提供必要的场地、设施设备及经费等支持，充分发挥入驻导师及科技人员作用、创新服务方式、加快产学转化，助推区域特色产业现代化发展。例如，玉林师范学院、玉林市农业科学院、广西玉林农业学校都积极引导教师和学生参与科技小院建设，学校保证教师有更多时间用于在科技小院开展科研实践。科技小院依托单位健全完善了研究生工作、生活设施设备，为驻院科研团队提供了完善、便利、安全的科研、生活环境。召开玉林市十大重点农业产业链科技小院建设推进会，可以让玉林师范学院、玉林市农业科学院、广西玉林农业学校的教师与科技小院依托单位进行座谈，使大家互相增进了解，就科技小院的建设模式进行深入探讨；地方科协为科技小院揭牌，可以进一步提高科技小院的知名度；地方科协与财政部门联合指导科技小院对经费合理使用，使科技小院真正发挥作用。各方积极发挥各自资源优势，充分借鉴区内外科技小院成功经验，遵循科研规律和市场需求，建立健全完善各项管理措施，充分发挥科技小院在服务"三农"中的独特作用，把科技小院打造成农业科技创新的一张新名片。

三、"小"院"大"成果，科技小院显现强大科技力量

玉林市十大重点农业产业链科技小院功能定位明确，其目的是促进科技与产业高度融合，推动农业产业高质量发展，重点聚焦产业发展需求，围绕"十大重点农业产业链"研究方向和产业发展中急需解决的"卡脖子"问题，开展核心科技攻关，解决农业生产及产业发展中的现实难题；围绕玉林市委、市政府关于加快促进乡村产业振兴的决策部署，结合全市七条特色种养示范带建设，推动科技小院服务向特色种养业

延伸，强化科技研发、示范、推广与应用，带动更多村民实现特色种植、专业种植，探索玉林现代农业产业高质量可持续发展之路。2022年，容县自良镇沙田柚协会、广西鸿光农牧有限公司列入了玉林市十大重点科技小院建设范围。科技小院成立后，广西容县沙田柚科技小院有效破解农业技术推广难题，推进高校教育与基层农业对接，引导农民走上致富路，从沙田柚产业供给侧产业链入手，研究和解决突出问题，可以对沙田柚进行全面推广、发展当地经济。借助科技小院的平台，共开展了沙田柚核心区农用技术培训17场，培训农民1500多人，沙田柚核心产区自良镇的沙田柚产量从2020年的6.2万吨增加到2021年的7万吨，2021年沙田柚总产值达8亿元；还有效拓宽容县沙田柚特产农产品的销路问题，带动开展2021年广西沙田柚行业"直播带货"活动，提高农产品销售技能，打响擦亮容县沙田柚品牌，助力乡村振兴，沙田柚"直播带货"、抖音带货、微信微商、淘宝等线上平台销售量占全县总销量的15%，销售收入2.5亿多元。广西容县三黄鸡科技小院通过对繁殖技术的改进为企业节约成本260万元/年；对母鸡的贮精能力及机制进行研究，提高母鸡的贮精能力，减少种公鸡的利用频率，为企业节省人力、物力等成本240万元/年，增加了企业效益。广西容县沙田柚科技小院、广西玉林三黄鸡科技小院的研究团队积极开展科研，为企业解决难题，推动我市容县沙田柚产业、玉林三黄鸡产业的提质增效和品牌提升，为乡村人才振兴、产业振兴提供有力的科技支撑，推动科技"小"院实现"大"成果。中国农技协科技小院联盟授牌玉林市容县自良镇沙田柚协会、广西鸿光农牧有限公司为"广西容县沙田柚科技小院"和"广西玉林三黄鸡科技小院"。2023年5月31日，北流荔枝科技小院正式揭牌。北流荔枝科技小院成立后，主动与进驻专家、科技人员开展课题研究，在服务中学习前沿理念，掌握先进技术，提升工作水平；科技专家队伍发挥技术优势，将科技成果应用到荔枝产业中，使科技小院成为助力乡村振兴、人才培养和科研成果转化的重要载体，成为打造乡村振兴北流新样板。2023年，北流市荔枝种植面积共38.72万亩，产量12.5万吨，产值20.5亿元。其中，桂味荔枝价格稳定在10～20元/公斤，仙进奉荔枝价格稳定在24.4元/公斤，实现产销两旺。

民族科普情，共筑科学梦

陆世高

（广西科技馆）

党的二十大报告指出，"以铸牢中华民族共同体意识为主线，坚定不移走中国特色解决民族问题的正确道路，坚持和完善民族区域自治制度，加强和改进党的民族工作，全面推进民族团结进步事业"。习近平总书记强调，"实现中华民族伟大复兴的中国梦，就要以铸牢中华民族共同体意识为主线，把民族团结进步事业作为基础性事业抓紧抓好"。

第三届"一带一路"青少年创客营与教师研讨活动上各民族青少年相聚一堂

广西科技馆是广西青少年科技活动交流的窗口，能促进全区各族青少年思维的碰撞和感情的交融，铸牢中华民族共同体意识；广西科技馆是一所大学校，能聚才、育才，推动全区各市青少年相互促进、携手共进，共同创造未来美好生活；广西科技馆是一个展示的大舞台，能展示全区各族青少年的发明创造，放飞他们的科技梦想。

一、促进广西各族青少年的交流

多年来，在广西科协的指导下，广西科技馆面向全区各族青少年积极开展科技实践交流活动，覆盖各年龄段和全区。活动中不断穿插各种民族团结主题交流活动，增进了各民族的了解与融合。

在广西科协、教育厅、文明办、团区委等多部门的大力支持下，广西科技馆组织开展了"一带一路"青少年创客营与教师研讨活动、广西青少年科技创新大赛、广西青少年机器人竞赛、广西"大手拉小手，科普报告希望行"活动、广西发明创造示范单位建设项目、广西科技馆活动进校园、广西农村青少年校外教育、广西农村中学科技馆、广西乡村学校少年宫等形式多样、内容丰富的科技竞赛与活动，覆盖全区各中小学校，惠及各民族青少年。

高昂的入场音乐旋律响起，一个个壮族、苗族、毛南族、京族等少数民族选手和来自港澳台地区，以及东盟国家的小伙伴一起穿着民族服装亮相舞台，表达他们对未来科技发展的美好期待，以上是第19届广西青少年机器人竞赛暨东盟国家及粤港澳青少年机器人邀请赛的一个剪影。此次交流活动和竞赛中充分融入了广西少数民族元素，选手们在交流中促进了民族文化融合与传播。

2020年，第35届广西青少年科技创新大赛期间开展了以"科学小达人与专家面对面"为主题的线上直播活动，参与直播的14位"科学小达人"是全区各市推选的优秀参赛选手，其中不乏少数民族的优秀代表。此次直播活动跨越多个地区，展示了壮乡少年在科技创新活动中的活力与风采。2020年，广西科技馆在春节期间面向全区推出了"防疫科普不掉线　宅家还能'玩'科普"的专题线上直播活动，并通过各渠道积极组织全区各市中小学生在家观看。

少数民族选手在第19届广西青少年机器人竞赛暨东盟国家及粤港澳青少年机器人邀请赛上展示参赛作品

通过这些活动，全区各族青少年在实践中认识和了解了国情，收获了友谊，同时也带动了各家庭、学校之间的互动交流。爱国和民族团结的种子，正在越来越多青少年心中生根发芽、开花结果。

二、壮大推动民族地区科技辅导员人才队伍

多年来，广西科技馆十分重视科技辅导员的培训工作，努力为广西各民族地区的青少年科技教育的发展补充新鲜血液。培训工作充分结合各民族地区经济社会发展实际需求，由各市科协协助选派具备专业能力的优秀教师和当地的科技辅导员开展培训，稳步扩大派遣规模，稳定提高培训的内容和质量。例如，广西中小学生发明创造示范单位骨干教师培训班开班时，会根据各地中小学科技教育的实际情况，采取组织专家送培训到当地的形式，由各市科协组织当地各乡镇各民族青年科技辅导员参加培训；同时为了扩大科技辅导员人才队伍，加大科技教育在民族地区的实施力度，还积极动员各民族中小学的青年学科教师共同参与。北海、桂林、贵港、河池、梧州等多地已开展相关培训，培训内容包括专家讲座、考察交流、体验式课程等，为当地优秀科技辅导员和中小学学科教师提供提高能力和开阔视野的机会。

在中国青少年科技中心的指导和联合国儿童基金会的支持下，广西农村青少年校外教育项目聚焦深度贫困地区建档立卡家庭的青少年，设立项目专项经费，持续深入开展培训工作，培养了一批批优秀的县级教师。这些教师围绕参与式教学方法，为贫困、偏远地区少数民族青少年教授"女孩的生活技能""职业入门与发展""理财与生活管理""社会情绪能力"等课程，为民族地区的孩子带去了爱的关怀和社会主义大家庭的温暖。

"让更多的学生，特别是乡镇中小学的学生接触到科学，激发他们的科学兴趣，开拓他们的创新思维，是我们作为科技辅导员的原动力"，百色市田林县的科技辅导员成员代表在"广西科技辅导员培训体系构建的现状与研究"的调研会上表达了他的教育心声，他希望能继续培养出更多优秀的青年科技辅导员和科技工作者到乡镇去，到教育资源相对匮乏的农村中小学去，把优质的科普资源和师资力量投入到乡村振兴的事业中。

广西科技辅导员培训体系建设调研座谈会现场

广西中小学知识产权科技教师巡回培训班

三、做实民族团结科普大协作

广西科技馆积极发挥组织优势、人才优势、资源优势和联络优势，动员各市科协，联系当地教育局、各相关部门单位，开展系列科普活动，不断提高各族青少年的科学素质。

　　"广西科技馆活动进校园"系列科普活动联合广西自然科学博物馆协会各成员单位及其他各相关部门单位，聚力科普优势资源，深入各民族地区中小学开展科普活动。多次以"党徽闪耀　科普为民"为主题，组织了"听党课，讲党史"、红色革命知识问答、制作防疫香包、制作动植物标本、生命科学科普知识展、科普大篷车科普互动体验展、科普表演秀、"大手拉小手，科普报告希望行"科普专家讲座、航天航模表演、制作航模小飞机、体验式科普小游戏、观看科学家精神纪录片及3D科普电影等形式多样、内容丰富的系列活动，这些扎扎实实的工作举措和精彩纷呈的科普活动，为民族地区的青少年撒播科普的希望，为当地少数民族青少年的成长发展贡献了力量。

　　"广西科技馆活动进校园"系列科普活动已奔赴南宁、贵港、桂林、百色、河池、梧州、钦州、防城港等多地开展，聚焦民族地区青少年。在防城港市，活动走进了东兴市京族学校、防城区十万山瑶族乡太平小学、防城区十万山瑶族乡胜利小学、上思县叫安镇那荡村小学；在百色市，活动走进了隆林各族自治县的隆或镇、蛇场乡，那坡县的龙合镇、坡荷乡、百省乡等偏远地区的少数民族中小学校；在钦州市，活动走进钦州市钦北区民族中学等少数民族中小学，为他们搭建科普知识学习与交流平台，多方位帮助少数民族青少年提升科学素质。

"广西科技馆活动进校园"系列科普活动联合多个合作单位开展活动

钦州市钦北区民族中学师生与科普志愿者共同开展少数民族民俗文化活动

活动联合单位在活动期间为上思县叫安镇那荡村小学的同学们送去学习用品

京族少年在体验科普展品

防城区十万山瑶族乡胜利小学师生体验科普活动后合影留念

　　"广西科技馆活动进校园"系列科普活动联合各级组织走进各地中小学校共56所,累计惠及青少年共108236人,有力支援了民族地区青少年科技教育工作的开展。

　　中华民族伟大复兴需要各族人民心连心、共奋进。展望未来,广西科技馆始终站在民族团结根本利益的立场,扎实推进各民族团结进步工作,把铸牢中华民族共同体意识贯穿到青少年科普工作各领域、各环节,促进各族青少年在更广的范围、更深的层次交往、交流、交融,凝聚起同心共筑中国梦的力量!

非遗歌曲传科普　蝴蝶歌儿助振兴

——记贺州市创新科普形式助力乡村振兴

邹裕恒

（贺州市科学技术协会）

历史悠久的瑶族蝴蝶歌是在贺州市的瑶族同胞中广为传唱的标志性民歌，主要流行在广西壮族自治区富川瑶族自治县的白沙镇、莲山镇、柳家乡、古城镇，以及钟山县和湖南江华瑶族自治县及与其毗邻的瑶族群众聚居区。瑶族蝴蝶歌于 2008 年被列入第一批国家级非物质文化遗产名录。瑶族蝴蝶歌采用二男或二女同声二重唱的形式，演唱时同起同收。它是瑶族文化多源性的象征，具有珍贵的历史、文化价值。

一、深挖地方特色，为"科普 + 非遗"科普宣传奠定基础

"舞火猫"是贺州市八步区南乡镇一种流传已久的壮族民俗活动，于 2010 年被列入自治区第三批非物质文化遗产项目名录。它很好地将壮族文化和贺州本土文化融合在一起，既完整保留了民族特色，又具有独特的地方色彩，是壮族民俗中一道独一无二的亮丽风景线。据当地人介绍，他们的祖先刚来到南乡的时候，到处是荒山野岭，猛兽特别多，还有很多老鼠来偷吃他们的粮食。为了赶走老鼠，南乡壮族人养起了猫，用猫把老鼠赶走，使五谷获得了丰收，人们从此安居乐业，也因此产生了猫神崇拜。于是，人们用稻草扎成"长猫""老鼠"的模样，并用它们来开展祈求人寿年丰的"舞火猫"活动。

在贺州，类似蝴蝶歌、舞火猫这样宝贵的非遗有不少，它们在贺州经济社会和人文历史的发展过程中起到了不可替代的重要作用，为贺州民俗传承作出了不可磨灭的贡献。它们既是先辈们留下的宝贵遗产，又是优秀的文化宣传载体。如何充分传承和发扬这一宝贵遗产，发挥它们的千年魅力，让它们为科普宣传服务这一课题，值得当代科普宣传工作者进行思考。

二、创新方式方法，为"科普 + 非遗"科普宣传持续赋能

贺州市科学技术协会（以下简称"贺州市科协"）作为贺州市全民科学素质工作领

导小组办公室所在单位，为深入贯彻党的十九大、党的十九届历次全会和党的二十大精神，弘扬科学精神，普及科学知识，激发科学梦想和科学志向，推动贺州全民科学素质全面提升，在全民科学素质工作中结合当地各级非遗创新开展科普宣传活动，用"科普＋非遗"的形式，将现代化的科普宣传内容与传统的非遗有机结合起来，在这些传统活动中注入科普宣传内容，并在群众中开展科普宣传活动，取得了良好的宣传效果。

2021年，贺州市科协开始尝试开展"科普＋非遗"科普宣传新形式、新方法，将科普宣传内容与八步区南乡镇非遗项目"舞火猫"有机结合，借助"舞火猫"等非遗节目表演与科普有奖问答、科普咨询服务、科普体验等活动穿插组合在一起，让群众在轻松的氛围和相关的情境中更好地学习和掌握相关科普知识。通过这种沉浸式、体验式的氛围，使得宣传的相关科普知识更加生动具体地留在了群众的脑海里。除了在南乡镇借助"舞火猫"创新开展"科普＋非遗"科普模式之外，贺州市科协还积极探索了其他的科普宣传形式，较大地丰富了科普宣传的手段和方法，有效提升了科普宣传效果。

2022年，贺州市科协继续在2021年工作的基础上发力，选择借助蝴蝶歌的形式来传唱科普宣传知识。贺州市科协将科普宣传内容编成歌词，用当地流行的蝴蝶歌进行传唱，将科普与非遗深度结合，这一举措进一步产生了良好的科普宣传效果。

2022年9月27日，贺州市全民科学素质工作领导小组组织市、县两级成员单位在富川瑶族自治县莲山镇莲塘村举行2022年全国科普日、"八桂科普大行动"贺州活动暨党旗领航"民族团结一家亲"医疗专家走基层送服务助振兴活动启动仪式。在启动仪式上，贺州市、富川瑶族自治县全民科学素质工作领导小组成员单位和其他友好单位一起开展了科普宣传、咨询、义诊、急救演示、送医送药等丰富多彩的惠民服务活动；在科普表演过程中，还穿插了科普知识有奖问答；贺州市科普大篷车带来的可编程机器人、机器狗等一批新奇的科普展品吸引了广大群众的注意力，在解说员热情的解说与指导下，学生带着对科技的好奇心和求知欲，兴致勃勃地围着科普展品，边听边看、边操作边询问，尽情地体验科技带来的无限乐趣。此次活动为莲塘村的广大群众送去了一场集科学性、知识性、趣味性、参与性于一体的"科技大餐"。群众纷纷表示，通过亲身实践操作和翔实生动的沉浸式讲解，开阔了科学眼界，培养了科学意识，启迪了科学精神，增长了科学知识。主办单位和承办单位及当地群众约400人参加了活动。在启动仪式之后，该活动又在全市各县（市、区）范围内巡回演出，这种全新的科普方式能够有效提升人民群众的科学素质水平。

三、科普活动与党建相结合，为"科普＋非遗"科普宣传开拓新局面

贺州市科协在日常"科普＋非遗"宣传活动中，注重业务与党建相结合，在钟山县、富川瑶族自治县等组建文化互助会，邀请区、市、县文化专家到场指导，不断提升文化品牌影响力。据统计，2022年富川瑶族自治县的民俗活动就多次登上央视，县内多个地区还荣获第二批自治区乡风文明示范村称号。在科普宣传活动过程中，贺州市科协还注重横向联系，与其他部门联手，努力激发文创产业活力，推动手工画、稻草龙、民族服饰等特色文创产品进入市场；积极探索"村校共建"党建联盟，在多地开设非遗传习班并多次承接市县两级培训班教学任务。其中，富川瑶族自治县莲山镇莲塘村还被列为全市乡村振兴现场教学基地。

四、经验启示

通过近两年来的"科普＋非遗"模式的探索可以发现，科学普及宣传工作如果注重加强活动的趣味性、参与性和体验性，会比传统的展板展示、专家讲座等形式产生更好的效果，可以让所有的活动参与者在更轻松愉悦的过程中学到更多的科普知识，这样的活动更受大众的喜爱。喜欢新鲜事物，对新模式新知识的好奇是人们本性使然，也是人类不断进步的动力。所以，创新永远是有效科普的不二法宝。

"舞火猫"活动

非遗歌曲传科普

下一步，贺州市科协将注重积累相关成功经验，不断摸索创新，积极尝试将科普宣传内容更深入地与非遗有机结合，深耕"科普＋非遗"这一新的科普宣传模式，努力在科普宣传工作中出彩、出色、出成绩，不断探索公民科学素质提升之路。

繁荣民族科普创作，提升学会科普能力

——广西科普作家协会志愿队科技志愿服务典型案例

李媛

（广西科普作家协会）

科技创新和科学普及是实现创新发展的两翼，建设创新型国家，需要持续提高公众基本科学素质。志愿服务是社会文明进步的重要标志，而科技志愿服务是科技工作者参与新时代文明实践的重要途径，广泛开展科技志愿者服务是普及科学知识、快速提升全民科学素质、助力创新驱动和高质量发展的重要抓手。

广西科普作家协会志愿队成立于 2019 年，整合了政府部门、行业协会、科研院所、高等院校和出版机构的资源，突破了合作瓶颈，服务科普创作各个环节，在民族科普传播工作中推出了一批品牌活动，在提升全区全民科学素质方面富有成效，推动民族科普志愿事业再上新台阶。

一、整合科普资源，构建"内外循环"

科普作品是科普创作的成果与核心。当前，科普创作迎来了前所未有的良好发展机遇，人民群众对科学知识、科学精神、科学思想和科学方法的需求趋向多样化、全方位、高层次。科普创作大有可为、大有作为。

（一）跨界联动，树立大科普理念

广西科普作家协会志愿队积极落实《关于新时代进一步加强科学技术普及工作的意见》中提出的树立大科普理念，整合科普资源，与广西科协、广西生态学会、广西环境科学学会、广西医学会，以及国家级学会中国科普作家协会等联动，构建"内外循环"，形成多层级科普单位联动借力发展、跨领域整合发展新格局，共同为繁荣广西民族科普创作出谋划策。

（二）组建团队，搭建平台促成长

"活动未动，粮草先行"，科技志愿活动要达到预期效果，离不开科学有效的规划。为了提升各项活动的传播力和影响力，广西科普作家协会组建了科技志愿者团队来高水平策划重大志愿者活动，并与新华网、光明网、广西新闻网等媒体平台密切联系，为活动宣传打下良好根基。在承接科普中国、八桂科普大讲堂活动时，科技志愿者团队提前做好活动海报，上报中国科普作家协会，为广西活动造势，达到双向互动的良好效果。

二、立足本土特色，深挖传播价值

广西科普作家协会科技志愿者活动丰富多彩，但只有立足广西本土特色，结合时下热点，做出差异化内容，才能打造具有广西民族特色的科普"爆款"。协会科技志愿者团队立足本土特色，打造科普创作平台，举办讲座、论坛，深挖传播价值，方便受众获益。

（一）打造科普创作平台，为科普创作爱好者服务

广西科普作家协会着重打造科普创作平台，让科普创作爱好者广泛参与其中，自觉成为民族科普传播的践行者。

广西民族医药、六堡茶等是具有代表性的元素，有着鲜明的特点，接地气、有人缘，与广西民众生活息息相关。2022年，广西科普作家协会举办首届广西网络科普作品创作大赛，大赛充分考虑民族特色科普，面向科普创作爱好者广泛征集这方面的作品，最终共收到作品1164件，内容涉及民族医药、广西特色动植物等，科普文章《石山精灵——白头叶猴》、科普微视频《跟小山小水一起保护好八桂大地生物多样性》、科普主题课件《广西火桐》等作品纷纷获奖，充分展示了广西民族特色，达到良好的科普宣传效果。2022年，广西科普作家协会联合自治区全民科学素质工作领导小组办公室举办2022年百姓喜爱的科普作品评选活动。在610件作品中，科普图书《二十四节气壮医养生》、内部资料《六堡茶古法制作工艺》、科普视频《广西山口红树林保护区生物多样性微视频》等作品脱颖而出，深受大众喜爱。

培育和打造科普创作平台是广西科普作家协会充分发挥民族地区优势、主动作为、努力提升民族科普创作的重要举措。因作品民族特色浓、权威性高、贴近性强、趣味性足等特点，读者很容易在阅读、观看中掌握相关科学知识。

（二）举办科普传播讲座，服务社会公众

广西科普作家协会着重打造科普传播讲座，让科技工作者广泛参与其中，自觉成为民族科普传播的推动者。

我国生物多样性非常丰富。"广西生态优势金不换"是广西的"金字招牌"，目前广西已成为全球生物多样性热点地区。在国际生物多样性日，广西科普作家协会联合

广西科学技术出版社、广西生态学会等 6 家单位开展"八桂科普大讲堂：生物多样性保护与研究"活动，并邀请著名生物学家、北京大学教授潘文石作专题科普讲座。潘教授分享了他在广西开展对白头叶猴、中华白海豚的保护实践案例及研究成果。活动全程进行网络直播，产生了广泛的社会影响，让生物多样性保护观念走进大众，为提升广西生物多样性保护整体水平作出了卓越的贡献。此外，广西科普作家协会与广西科学技术出版社共建"广西科普创作基地"，优势互补，将文化力量注入壮乡热土，为培育本土科普作家、推出桂版科普图书等系好纽带。

科普传播讲座要有连续性、主题性，触达受众，广西科普创作论坛的举办就是互动传播的生动实践。2023 年，广西科普作家协会联合广西民族大学科技史与科技文化研究院等 4 家单位主办广西科普创作论坛。本次论坛邀请中国科学院汤书昆教授、中国科学院邱成利研究员、中国科学技术大学袁岚峰副主任 3 位国内业界科普大咖，他们就如何做好科普创作和科学传播作报告，向广西民族大学近 300 名大学生"传经送宝"。这场高规格、高水平、高水准的论坛选址在广西民族大学，对少数民族大学生进行科普创作启蒙和广西民族科普创作发展具有指导意义。

（三）举行青少年科普创作论坛，服务青少年

广西科普作家协会着重提升青少年科普素质，让科普作家广泛参与其中，自觉成为民族科普传播的传承者。

"越来越多的青少年对科普科幻产生浓厚兴趣，多种多样的科普科幻作品在青少年群体中产生了共鸣。"中国科普研究所所长、中国科普作家协会常务副理事长王挺表示。2022 年，广西科普作家协会联合广西民族大学传媒学院承办科普中国专家沙龙系列活动广西青少年科普创作专题论坛，特邀 5 位专家以"深挖地方特色资源""广西元素"等为主题，对青少年群体的科普创作发表评论，辐射各协会作家代表及广西民族大学学生代表近 100 人。这是广西科普作家协会首次在高校举办广西青少年科普创作专题论坛，能让听众了解到科普创作的魅力，学习科普创作的技巧和方向，坚定科普创作的决心，是面向青少年群体进行科普创作研究落地的有力举措。此外，广西科普作家协会还与广西民族大学传媒学院资源整合，共建"青少年科普创作研究基地"，加强面向青少年群体的科普创作研究，推动广西青少年科普创作事业的发展。

三、凝共识聚群力，开拓合作共赢新局面

随着广西科普作家协会志愿服务活动与广西民族科普工作的关系日渐紧密，协会的科普示范能力不断提升，也带来互利互惠的合作成果。

（一）打造品牌，活动影响力日益凸显

广西科普作家协会开展各类科普创作赛事，参赛人数多、作品来源广、作品质量高，逐渐形成品牌活动；开展各项科普讲座，专家资历深、涉及行业广、参与人群各不相同，协会名气日益扩大，让科技工作者、科普工作者、科普创作爱好者等形成合力，共同致力于广西民族科普传播工作。

（二）上下联动，有效提升工作效率

在上级部门和主管部门的牵线搭桥下，广西科普作家协会与中国科协、中国科学院、中国科学技术大学、中国科普作家协会、自治区全民素质工作领导小组成员单位、各市科协等权威专家取得良好的沟通机会，对推进民族科普工作良好发展起到推波助澜的作用。

（三）合作共赢，推动科普活动走深走实

在各类科普讲座、论坛等活动中，广西科普作家协会积极对标自治区级优秀学会，与十来家兄弟协会资源共享，优势互补，扩大活动辐射面和影响力，提升合作实效。

（四）示范引领，扎实开展科普宣传

广西科普作家协会以微信公众号为主，以报纸、抖音号为辅，做好区内民族科普宣传，全年发布文章上百篇，涉及科普创作动态、志愿者活动等，通过示范引领做好表率。

科技向未来，志愿添光彩。广西科普作家协会志愿队将针对科技志愿服务工作，固化已有成果，继续稳扎稳打地开展科技志愿服务工作，为繁荣民族科普创作赋能，切实提高公众科学素质。

中国式现代化视域下边疆民族地区提升公民科学素质的经验与路径研究

——以广西崇左市为例

李文靖　　　　宰晓娜

（重庆大学）（广西民族师范学院）

进入新时代，实现公民科学素质发展目标对于加快建成世界科技强国、实现人的全面发展、服务国家治理体系和治理能力现代化、服务构建人类命运共同体具有重要的意义。党的二十大报告提出要加强国家科普能力建设，发展科普事业已成为实现中国式现代化的必然要求，《关于新时代进一步加强科学技术普及工作的意见》进一步把提升公民科学素质作为助力"科教兴国战略、人才强国战略、创新驱动发展战略"的一项重大任务，科普提升公民科学素质为实现中国式现代化提供有力支撑。

一、广西崇左市创建全国科普示范县（市、区）历程及成效

作为我国重要的边疆民族地区，2005—2021 年崇左市所辖 7 个县（市、区）中已有 4 个入选全国科普示范县（市、区）创建名单，创建率高达 57%，居广西前列，其中大新县 1 次，凭祥市、扶绥县、江州区各 2 次。崇左市全国科普示范县创建历程大致经历了三个阶段：初启创建探索期（2005—2011 年），加强科普设施建设，完善科协组织网络；快速发展期（2012—2019 年），创新驱动发展，构建科普新格局；变革发展成熟期（2020 年至今），多元协同助推科普高质量发展。

研究表明，创建工作在提高县域基层城乡居民的科学素质、推动当地经济社会可持续发展方面产生了积极的影响。得益于创建工作，崇左市科普发展取得明显成效。2022 年，崇左市公民具备科学素质的比例为 7.6%，居民健康素养水平达 21.58%；完成科普兴边"五个一"，打造了"农技协+互联网+科普 e 站"平台；建成弄岗国家级自然保护区等多个全国科普教育基地，并且扶绥坚果科技小院等获批国家级科技小院称号；推进科技服务搭桥"四项行动"，实施了"百技进百村"活动；2021 年建立 8 个乡村振兴科技专家服务团，开展适用技术培训 32 期。截至 2022 年底，崇左市有 17000 多人注册成为科普中国信息员，参加 2022 年广西公民科学素质网络竞赛超过 16.6 万人次。

二、我国边疆民族地区提升公民科学素质的"崇左经验"

（一）加强党的领导，落实科普工作责任制

党的领导是中国特色社会主义的本质特征，是中国特色社会主义制度的最大优势。科普工作必须加强党的领导，发挥党的核心作用。崇左市在创建全国科普示范县工作中高度重视党的领导，要求试点县（市、区）成立创建工作领导小组，强化党对创建工作的全过程领导和对科普工作的价值引领。例如，2021年崇左市江州区入选2021—2025年度第二批全国科普示范县（市、区）创建单位后，成立了创建全国科普示范区领导小组等机构，由江州区党委、政府主要领导共同担任组长，实行"双组长"责任制，形成主要领导亲自抓、分管领导具体抓、各部门具体落实的科普工作领导机制。

（二）融合民族文化，推动科普活动品牌化

以弘扬民族文化为主线，推动民族科普品牌建设。崇左市在全国科普日和"八桂科普大行动"期间，融入民族文化元素，开展包括碳达峰碳中和科普宣传、卫生健康科普、乡村振兴科普等十余项联合行动；通过"十月科普大行动"，开展科普文艺演出、微信科普知识问答、科普山歌会等活动，形成科普传播热潮，推动形成崇尚科学的风尚，全面提升边境少数民族科学素质，形成"夜色科普""南疆国门科普行""趣味科普进校园""科普进军营"等具有边疆性、民族性特色的科普活动。同时，崇左市利用"壮族三月三"节庆、民族节日等契机，开展形式多样的山歌科普活动，扩大科普的覆盖面、影响力、受众人群，进一步增强各民族的凝聚力、向心力和创造力，如举办崇左市中越山歌擂台邀请赛、崇左花山国际文化旅游节、天等县"壮族三月三·山歌擂台赛"、崇左市那隆镇山歌节等。

（三）立足边境优势，搭建国际科普合作机制

通过中越边境学校青少年科普活动等搭建中越两国科普合作机制。2020年，崇左市科学技术协会（以下简称"崇左市科协"）同越南高平省科学与技术协会共同签订了《中国广西崇左市科学技术协会与越南高平省科学与技术协会合作备忘录》，共同推进双边科技应用和科普宣传工作往更深层发展。崇左市科协联合教育、团委、外事等部门开展"中越科技文化交流活动"，加快推进双边多领域科技应用科普合作步伐；与越南高平省中小学建立科技文化交流结对学校，并组织学生参加广西机器人竞赛暨东盟国家及粤港澳青少年机器人邀请赛等。

（四）推进阵地建设，筑牢公民科学素质基石

基层科普阵地建设是创建全国科普示范区和衡量科普能力的重要指标，也是提升公民科学素质的重要载体。崇左市基本形成性质多样、类型多元的科普阵地。截至2022年底，崇左市建成自治区级科普教育基地9个、市级科普教育基地12个，在公园等公共场所设立户外科普e站，建立多个党群服务中心和社区科协工作样板间，充分发掘高校、科研院所、企业等社会资源，不断扩大科普基地覆盖范围。

三、中国式现代化视域下提升公民科学素质的有效路径

（一）加大政府投入力度，建立多元化的筹资渠道

一是加大政府投入力度。积极发挥政府部门的牵头作用，在科普经费方面继续加大投入，支持科普活动中心、企业科普展厅等科普基地建设，同时继续向科技型企业提供扶持，以资金奖励、激励企业开展科技创新活动。二是拓展科普经费渠道。充分调动社会各方力量，建立多元化的筹资渠道，鼓励、支持社会组织、企业及个人投资科普事业，推进租赁、共享等多种科普合作形式。

（二）加强科普企业培育，完善科技资源科普机制

一是完善科技资源科普化机制。出台相关的科技资源科普化政策、实施方案或制度，切实细化科研设施设备、科研成果、科研人员等科技资源转化为科普设施、科普产品、科普人才等科普资源的要求和奖励，支持更多的高校、科研机构及企业，甚至社会组织将自身拥有的科技资源转化为科普资源。二是要培育壮大科普产业，扩大科普传播的广度与深度，促进科普与文化、旅游等产业的融合发展，加大优质科普产品和服务供给，积极推动科普工作融入企业培育及产业发展的全过程。

（三）加强科普组织建设，形成多维组织网络体系

一是加强科普组织建设。重点推进科技型企业、民营企业科协组织建设，营造重视科普的社会氛围，同时加强支持企业、高校等企事业单位科协的协同联动和资源共享。二是扩大基层科普人才队伍。构建以科技人员、技术骨干、企业家、高校教师、科技志愿者等为主体的基层科普组织队伍，鼓励兼职科普人员转为专职科普人员，扩大科普志愿者队伍。

（四）加大智慧平台建设，拓展科普传媒网络渠道

一是开发智慧科普平台，通过建立科普传播新机制，如线上和线下相结合的科普

模式，帮助公众从线上的智能云平台获取权威科普信息。二是利用现代信息技术，构建智慧科普网络体系。强化科普信息落地应用，与智慧教育、智慧城市、智慧社区等深度融合；同时拓展科普传播渠道，借助短视频平台等加强科普传播覆盖面及深度。

（五）加强科普国际合作，完善科普联动合作机制

深入推进与各国的科普合作，拓展科普合作内容，创新科普合作方式，推进科普人员联培、科普活动联办、科普传媒联通，发挥各自优势，搭建多元合作机制，促进政府、学校、企业及社会组织间的交流与合作；积极举办国际科普合作论坛及科普竞赛，支持国际科普研究项目，进一步推动科普合作深入发展。

享劳动研学欢乐　树壮乡民族新风

——北海市农业科学研究所科普研学典型案例

王家丽

（北海市第二实验学校）

研学旅行作为当下基础教育领域协同育人的重要方式，对学科育人的价值深化至关重要。根据《自治区教育厅等12部门关于推进中小学生研学旅行的实施意见》的文件精神，北海市第二实验学校积极开展综合实践研学活动，将研学旅行纳入教育教学计划，全面落实立德树人根本任务。

一、研学基地简介

北海市农业科学研究所位于北海市银海区平阳镇平阳村，其主要业务是农作物新品种、新技术的引进示范、试验及推广，以及开展农村教育、农民培训和农村人才培养工作。北海市农业科学研究所是北海市第二实验学校科普研学和劳动实践教育基地，每年春季、秋季都为该校学生提供富有意义的科普研学和劳动实践教育。

二、课程目标

（一）价值体认

学生实地体验农业，了解农业科技的最新发展和应用，提高学生对新农业的认同，获得有积极意义的价值体验。

（二）责任担当

学生在研学中体会劳动的辛苦，懂得尊重劳动成果，切身体会到民族的振兴需要科技农业的推动，明确时代新人的社会责任。

（三）问题解决

学生在学习、生活中发现并提出自己感兴趣的问题；能将问题转化为研究小课题，体验课题研究的过程与方法，对问题给出初步解决方案。

（四）创意物化

学生能运用一定的操作技能解决生活中的问题；将一定的想法或创意付诸实践，通过动手实践培养创新能力。

三、课程特色

（1）学校以"善乐博雅"办学理念推动学校素质教育发展，并结合学生的兴趣、知识基础定制市内半日研学旅行路线。

（2）委托研学与自主研学相结合。邀请有专业知识的学生家长参加并指导研学活动，给研学学生提供更专业的讲解、顾问、医护、摄影等精细化服务。

（3）研学与"延学"融合。结合学校"劳动实践基地"开发特色化的校本课程，培养学生的劳动精神及创新思维，实现"研学＋科学""研学＋数学"等的跨学科教学模式。

（4）重视研学课程的综合评价。研究学生在研学过程中能否达到预期的学习目标，并通过问卷、答辩、展示，评价研学过程中每个学生学科学习能力的提升情况。

四、主要做法

（一）研学前热身

（1）为了提高研学质量，确保研学安全保障，年级组长可以提前带领五年级各班主任到研学基地踩点，考察基地各区域是否符合集体研学的安全要求。

（2）年级组长与研学基地负责人做好沟通工作，确定分组研学的内容及时间安排。

（3）各学科教师利用大课间进行集体备课，设计研学手册并制定研学方案。

（4）利用年级晨会召开研学动员会，对学生进行安全教育、环境保护教育，注意物品保管、车次往返时间安排等（见表1）。

表 1　研学行程表

时间	课程内容	地点
8:20—8:50	"三农"科普大课堂——玉米生长探秘	多媒体教室
9:00—9:30	玉米生长特性调研	玉米种植大棚
9:35—10:15	玉米春播体验	待种植大棚
10:25—11:05	抛绣球游戏	篮球场
11:10—11:30	美食分享	篮球场

续表

时间	课程内容	地点
11:40—12:20	采叶食春	艾草园
12:30	返程	篮球场

（二）研学课程的精彩

1.“三农”科普研学大课堂

北海市第二实验学校五年级全体师生来到北海市农业科学研究所开展研学活动。学生在学校教师的引领下，按时间段分组开展活动。例如，班主任廖文秋老师带领五（5）班的学生到多媒体教室听讲座。讲座上徐观华老师主讲“三农”科普大课堂——玉米生长探秘，徐老师准备了一株已开花的玉米，学生在观察、讨论中认识了玉米的雄花、雌花，了解了玉米的六大器官及其作用；认识到由于农业科技的改变，玉米从传统单一的品种到现在颜色丰富、口感多样的优品玉米，深受消费者的喜欢；看到了能生吃的水果类的草莓玉米，惹得学生直咽口水……这堂课大大激发了学生探索农业科技的兴趣。

2.玉米生长特性调研

学生掌握了植物学知识后，以小小农技员的身份前往玉米种植大棚，拿起放大镜观察玉米的雌花、雄花，并认真向农技师庄小燕请教玉米生长的问题，如玉米为什么有那么多花须、玉米的气根有什么作用……庄老师用生物学的知识通俗易懂地为学生作答。最后，庄老师提出学生最关注的问题：“为什么玉米有的籽粒饱满，有的形状干瘪？”学生认真思考并大胆地说出自己的理解，有学生说是授粉问题，有学生说是天气干旱，有学生说是肥力，有学生说是虫害，有学生说是母体影响……“田间大课堂”创造了培养学生思考力、沟通能力、创新能力的场景。

3.玉米春播体验

在热火朝天的待种植大棚里，学生盼望已久的玉米春播终于实现了。在农技师蔡德斌的指导下，学生懂得了玉米种植步骤。男生拿起锄头以60厘米为行距开始挖垄沟；女生蹲下左手捏着一把玉米种子，右手以株距约为25厘米点播玉米。可能是左手的玉米种子从手缝中漏出，也可能是忽略了株距的大小，谢定晓小组的玉米播种太稠密，蔡老师指着地上的玉米提问：“株距太小对植物生长有哪些影响？”“抢水分、抢肥力、抢阳光、抢空间……”学生纷纷回答。学生将课堂知识融入劳作，研学实践拓展了他们多学科知识。

4.团建抛绣球游戏

绣球是壮族人民过“壮族三月三”时少不了的喜庆之物，抛绣球是壮族的特色活动。学生跟随年级组长集中到篮球场开展抛绣球游戏，学生找到平日和自己最默契的同伴组队，并且每个班派出 3 组学生参加比赛，每组学生各站左右，相距 5 米。体育老师袁帅和学生李铭做了抛绣球游戏的示范，负责投掷绣球的学生把 10 个绣球依次抛向对面的同学，对面的同学则需根据绣球的方向预判落下的地点，快速用背后的竹篓接住绣球，在规定时间内接到绣球数量多者获胜。简单的游戏，增进了学生之间的友谊，树立了学生对民族情怀的认识，加强了学生对民族的自信和对祖国的热爱。

5. 采叶食春

采摘艾叶是研学的压轴环节，基地的刘素娟老师首先介绍了常见中草药——艾草的特点。艾叶糍粑作为广西的传统美食之一，能让人们品味到"舌尖上的春天"。刘老师示范采摘嫩艾草时，需弓着腰一棵一棵剪艾草，这对于学生来说是第一回，他们没想到需要如此耐心地采摘。看到学生有点不耐烦了，刘老师现场演唱一首《采茶歌》，大家也跟着一边哼着歌曲一边剪艾叶。大家把艾叶带回学校，利用劳动课到饭堂学习制作艾叶糍粑，把春天的味道留在记忆里。

（三）研学后的"延学"

1. 研学知识学以致用

学生把锡纸贴在硬纸板上制作补光反射板，解决了学校劳动实践基地植物光照不足的问题。

2. 非遗传承

学生利用劳动课时间到饭堂学习制作艾叶糍粑，实现了非遗教育的延伸。

五、基本成效

（一）落实社会责任教育

学生在实践中体验到农业科技的最新发展及应用，培养了他们热爱劳动的社会责任意识，增强了他们的民族自信、文化自信。

（二）社会认同民族科普研学

班级微信群、研学手册都留下了学生家长的好评，学校微信公众号有关研学实践活动的内容阅读量达 7862 人。

（三）示范引领

王家丽老师以研学补充校本教学，给全市教师开发民族科普研学课程做了示范。

六、总结与反思

（一）构建跨学科课程体系

农业研学属于自然教育类研学，探究的内容较多，涉及的知识面广。在方案设计过程中，我们听取了不同学科教师的建议，构建跨学科的课程内容。

（二）重视问题导向，融入民族创新理念

在研学课程的设计中，注重提升学生科学素质及民族精神，引导学生发现、思考问题，最终合力解决问题，达到"研"与"学"结合的效果。

（三）植入民族元素，厚植家国情怀

研学地点是农业科研单位，学生面对的多为植物、农具等。为了避免研学中单一、枯燥的情况，学校在"三月三节庆活动"中植入民族元素，厚植学生对广西壮族三月三的民族情怀，让研学活动的意义上升到新的高度。

民族科普从生物降解无害化推进开始

——有机固体废弃物生物降解无害化处理科普实践活动案例

张小丽　伍宗富　赖华雄

（北海市海城区第七小学）

本案例结合北海地方特点和乡村资源，从向民族群众进行有机固体废弃物生物降解无害化处理科普开始，特别是从民族群众家庭中的学生入手，传播相关的科学知识，帮助民族群众建立更为科学的垃圾处理意识，并且开展常态化实践，助力北海环境和民族群众生活质量的有效提升。经过一系列有计划性的活动，科普实践相关工作方面取得了一定的效果。

一、活动目标

向广大民族群众科普生物降解无害化处理科学知识，推动他们建立相关科学意识，从而改变常规生活习惯，继而改善生活环境和提高生活质量。学生可以通过本次活动找到一种更高效地处理有机垃圾中蛆虫的方法，这不仅可以培养民族学生的实验操作能力，使他们养成良好的卫生习惯和环保意识，而且可以由他们带动家庭乃至家族养成环保意识，实践相关厨余垃圾处理方法，提高生活质量，真正促进社会生活环境的改善。

二、活动特色

通过让学生带动家庭成员，以"观察—动手—思考—归纳"的方式探究垃圾处理方法，培养学生爱科学、懂科学、用科学的素养，让学生在综合实践研学活动中获取知识，提高学生的思考和动手能力；通过学生与家庭成员的"亲子"互动过程，带动家庭成员乃至家族成员共同参与相关科学实践过程，从而在巧妙的载体和方法下，实现生物降解无害化处理的有效科普。

（一）准备阶段

活动资料：现状调查，有机物质循环和生物降解相关文献资料。

活动场地：广西鸿基伟业生物科技有限公司、北海市垃圾填埋场。

活动材料：照相机、笔记本、科学器材等。

（二）实施阶段

1. 采访北海市垃圾填埋场的技术员，亲自体验垃圾填埋

通过分批、分班级的方式组织五六年级学生至北海市垃圾填埋场参观，让学生了解垃圾分类处理的方式，并亲自体验垃圾填埋，提高学生垃圾分类的能力，培养学生热爱大自然的意识。

2. 对农业生产基地的生态循环系统进行实地考察

利用双休日时间，组织学生到北海市周边的农业生产基地进行实地考察，完成以下任务并填写调查表（见表2）。

（1）辨认农业生产中所需要的有机物；了解这些有机物的来源和价值。

（2）记录生态循环系统的有机物种类、作用、价值。

表2　农业基地生态循环系统有机物调查表

小组：　　　　地点：　　　　成员：　　　　日期：

有机物名称	作用	价值	能否通过生物降解获得

有机垃圾生物转化处理机

教师对有机物质循环生物降解原理进行授课

学生体验植树

3. 体验"生物降解"实验（2022年1—5月）

活动对象：北海市海城区第七小学五六年级学生。

活动地点：生物科技公司。

活动内容："探索有机物质循环—生物降解"实验。

活动主题：垃圾分类处理、生物降解、减少垃圾污染。

根据《义务教育课程方案和课程标准（2022年版）》理念，综合实践课程可以和不同学科结合，通过拓展活动全面地唤起学生的环保意识，将生物降解与各门学科有机结合起来。在活动中，同学们开展厨余垃圾的降解实验，利用黑水虻进行厨余垃圾处理，学生的自我动手能力、环保意识、合作能力及团队精神得到了提高。同时，学校还布置了一些实践作业，让学生回到家里跟父母一起动手，收运家庭餐厨垃圾。这样不仅大大减少了生活垃圾，让环境得以改善，还让学生深入理解生态系统、物质循环等知识，知晓垃圾分类缘由，增强了学生的社会责任感，提高了学生的科学素质。

4. 科学实验提升学生环保能力（2022年1—5月）

活动对象：北海市海城区第七小学五六年级学生。

活动内容：开展"探究微生物在生物降解中的作用"科学小实验活动。

两个花盆装等量泥土，其中一盆泥土消毒，一盆不做处理。将枯枝烂叶装入网兜，埋入泥中，定期打开网兜观察树叶降解情况……让学生探索生物的自然规律。

教师演示"探究微生物在生物降解中的作用"科学小实验

活动目的：

①通过实验培养学生观察、思考和分析问题的能力及小组协作的精神，让学生通过现象观察事物的本质，从而认识和揭示自然科学规律。

②培养学生探索科学奥秘的动力，促进学生学好科学文化知识和增强学生保护生态环境的信念。

5. 环保实践活动（2022年1—5月）

经过实验实施初期和中期的一些活动，学生掌握了不少的环保知识，具有了一定程度的环保意识，对于生物降解也有了自己的想法。在此基础上，学生可以通过一些实践活动，将所学知识系统全面地结合起来，做一些力所能及的事情来使有机物循环利用，引起社会更广泛的关注。

6. 家庭"亲子互动"型环保实践活动（2022年1—5月）

在学生实践环保活动的同时，要求学生在家庭内部按照时间进度进行连续的"亲

"树叶降解"科学创新小实验　　　　　　"果皮的处理"科学创新小实验

子互动"型微生物降解实践过程，同时让家人观察、讨论、参与厨余垃圾的降解过程，追踪处理效果，让家人看到科学降解的效果、好处，帮助他们了解甚至乐于应用相关科学方法和技术。在这一过程中，进一步激发了学生的学习动力和兴趣，并极大增强了学生的主人翁意识。这些活动也让民族群众增强了相关科学知识和技术的应用兴趣，逐步加强了相关环保和科学普及的效果。

三、基本成效

通过本活动，唤醒了许多学生和家长的垃圾分类的意识，在社会层面上提升了爱护环境的意识，让民族群众感受到了生物科技给我们带来的好处；让民族群众初步了解生物有机循环的知识，同时也激发了民族群众动手创造新生活的热情，为区域环境和社会良好发展作贡献。

本活动荣获了各种奖项，具体获奖如下（见表3）。

表3　活动奖项汇总表

序号	成果名称	项目	时间	获奖情况
1	探索有机物质循环——生物降解的调查	广西青少年科技创新大赛科技辅导员科技创新成果竞赛（科技教育方案类）	2021年	自治区级二等奖（银奖获得者）、市级一等奖
2	生物降解无害化处理	"全民的科学中心"全国科技馆联合行动南部区域优质科学课资源评选	2021年	自治区级三等奖
3	有机固体废弃物生物降解无害化处理的探究实验	北海市科技创新大赛辅导员项目成果竞赛	2021年	市级一等奖

四、总结与反思

（1）在学生家长中的宣传不够到位；家长支持和参与推广的力度还有待进一步提高。

（2）对学生与家长主动探究有机生物降解过程的指导还有待于进一步加强；学生自身相关的科学水平内容和使用技术也还处于初级阶段。

（3）需要进一步挖掘家庭"亲子互动"的方法潜力。

（4）对相关科普内容和方式还需要进一步进行提升和规范，以便真正提升科普质量和效果。在家长及社会反响良好的局面下，学校应进一步加大力度投入推进该科学活动的工作之中。

五、社会反响

（1）本次生物降解无害化处理科普实践活动是根据人们的认知程度来递进式设计的，先建立基础，然后深入实践，再加强认识。通过实验模仿生物降解的全过程，并将降解物用于栽种植物的实验和生产生活中，我们可以把垃圾变废为宝，打造一条循环生物降解的生态链。

（2）生物降解技术是处理有机固体废弃物较好的一种方式，既能够有效处理相应的垃圾，又能够产生农业效益，符合可持续发展策略。开展此活动能够引导民族群众深入理解物种分类、生态系统、物质循环等知识，知晓垃圾分类缘由，以此宣传和推广北海市生态环保事业。

挖掘高中生物特色教学资源
助力民族科普的实践研究

许鑫滢

（广西北海市第七中学）

中国是团结统一的多民族国家，民族团结是我国各族人民的生命线，中华民族共同体意识是民族团结之本。广西壮族自治区是全国少数民族人口最多、壮族人口最集中的自治区，拥有壮、汉、瑶、苗等 12 个世居民族。民族科普是连接着科技教育与民族团结的重要桥梁。国家注重培养知行合一的学生，把发展学生核心素养放在前所未有的高度，而青少年科技教育是培养学生学科核心素养全面发展的载体。本文以促进民族科普工作为出发点，努力挖掘高中生物教学特色资源，从而提高学生核心素养，进而推动青少年科技教育的发展。

一、开展民族科普的制约因素

高中开展民族科普更容易遇到一些瓶颈，因此开展科普活动时比其他领域更需要结合民族特色，这也对学校硬件条件、教师专业素质、学生认知程度提出更高的要求。为准确把握策略实施方向，本文基于当前高中生物学科实验教学现状，总结出以下几点存在制约高中民族科普的主要因素。

第一，重视程度不够。部分学校教师认为科普只是课余活动，一个学期开展一两次就够了，导致科普没有很好地与民族团结等主题相结合，更没有真正深入人心。第二，硬件条件限制。有些学校没有很好的硬件设施支撑民族科普的开展。第三，科普与教学未能融合。科普没有真正与课堂教学有机结合，反而额外增加教师负担，使科普教育难以开展。第四，特色教学资源未深入挖掘。很多民族科普活动的开展仅限于民族特色地区或者民族特色学校，其他学校没有真正多角度地将民族科普落实到位。第五，民族科普形式单一。学校主要是通过班会课、展板进行宣传，无法满足好奇心较强的高中生的需求。第六，民族科普师资力量需加强。民族科普对教师个人的专业能力与综合素质有很高的要求，如果教师的相关知识欠缺，对民族文化等掌握不透彻，则很难真正深入开展有维度、有层次的活动；如果只是照本宣科，反而容易造成学生对民族文化失去兴趣和学习动力。

二、挖掘高中生物特色教学资源助力民族科普

学生会在高中时期形成一定的世界观、人生观、价值观，要对学生开展有效的民族科普，必须从思想、形式、内容、评价等方面对科普的形式进行改变。

（一）打造民族特色，优化硬件设施

文化特色的打造需要借助硬件设施的建设，真正让每面墙、每块砖"会说话"，从设施和设备上融入民族元素，营造民族和谐团结的氛围。例如，学生在学习"消化"的内容时，教师可以将人体模特外部画像改为民族服饰，并在旁边标注民族名称、特色、服饰，而中间部分继续展示消化系统的图示；在开展科技节、"壮族三月三"、民族团结运动会活动时，把教学楼及展示厅融入民族元素。

（二）整合教学资源，激发学习兴趣

学校可以结合乡土文化，因地制宜，整合教学资源，加强"科普＋民族"模式的内生动力。例如，展示"遗传与变异""进化"等内容时，可以让学生搜集数十年前某些民族群众的面貌变化，让学生既能看出环境变迁，也能看到少数民族人民的变化，更能感受到生活的美好；建议学校开设劳动实践课校本课程，把生物课堂的教学转移到课外，从民族工艺、民族文化等方面入手，培养学生动手能力；可以选用北海特有的物种——红树林进行考察，开展红树林科考活动，引导学生理解"红树林是海上'绿色长城'，具有防风固沙、防御台风等作用"，让学生深刻了解本土特色植物的重要性，从而萌发爱护环境的想法；教授"微生物培养"的内容时，教师可以结合少数民族酿酒，制作腐乳、辣椒酱等例子，激发学生的兴趣，能更好地从知识层面帮助学生明白各个操作步骤背后的逻辑；有条件的学校还可以利用选修课让学生动手操作来感受食物制作过程，这样既可以对学生进行政治和文化教育，又可以进行科学知识和生产技能教育；在教授细胞、叶绿体等内容时，教师可以选择当地特色物种与普通常见物种进行比较，把特色教学资源与课程有机融合，体现其为教育教学做出核心支撑的价值。

（三）创设问题情境，丰富教学方法

理论联系实际能够激发学生探究的欲望，兴趣能提高他们解决问题的能力。教师上课前应该巧设情境，激发学生兴趣。创设情境有以下两种常见的导入方法。第一，借助多媒体使课程图文并茂、生动活泼，以此吸引学生的注意力；第二，借助简单明

了的小实验突出这节课要探讨的问题。课堂授课方式的选择可以采取多种形式，如小游戏、视频、图形等，教师把趣味与理论相结合，可以活跃课堂气氛，通过学生的表达把知识再现，在进行分析后使内容更具合理性和严谨性，这有助于营造和谐活跃的学习氛围，提高教学效率。

（四）丰富科普内容，拓宽宣传渠道

随着"互联网+"时代的到来，学校可以充分利用新媒体渠道，不断扩大科普宣传覆盖面，可以通过班级微信群、QQ群等形式进行宣传；可以组织师生制作短视频、微课等，并使其与比赛相结合，在比赛与展示过程中达到宣传与教育的作用。例如，教师在教授光合作用、植物种植、施肥等内容时，可以使用一些民族群众因地制宜种植的例子，展示民族群众从选择植物类型到种植条件调节等方面的知识，让学生了解不同民族的风土人情和传统农业的发展，也能让学生在掌握知识的同时体会到中华民族的智慧、勤劳与勇敢，从而激发学生爱国家、爱科学、爱家乡的情怀。根据教育学家陶行知先生提出的"生活即教育"的理念，学生作为学习与探索的主体更能与他们学习知识的内驱力相契合，课堂上教师可以设置疑问，根据所学知识与学生进行交流，并开展项目式学习。一堂课，既使学生掌握了知识、提高了素养，又能达到育人的效果，把民族团结、民族科普厚植于学生心中。

（五）加强师资建设，鼓励民族科普

民族科普离不开一支有素养、甘于奉献的师资力量。民族科普是科技教育与民族团结教育两大教育的结合点，我们需要引导更多的教师参与民族科普，保持民族科普宣传的科学性，积极引进高素质科技型人才。

（六）观摩经济基地，发展科技教育

民族科普带动一方科技发展才能使科技教育长足发展。科技的种子在学生心里生根发芽、开花结果，才能培养学生的民族自豪感，从而使其回到家乡、服务家乡。学校可以组织学生观摩当地比较成熟与先进的经济基地，如参观本地的赤西脱贫村，让学生了解村民如何利用民族科技来发展民族经济，从而达到脱贫的目的。

三、经验启示

教师在高中生物教学中渗透民族科普教育，落实生物学学科核心素养，通过优化硬件设施、整合教学资源、丰富教学内容、活化教学模式、加强师资建设等方式，融入民族科普元素，以润物细无声的方式开展民族科普教育，使科技教育得到飞跃发展。

瞄准中小学校园科普工作
助力夯实广西民族科普基石
——以"科技馆活动进校园"为例

杨剑

（广西科技馆）

为深入贯彻落实习近平总书记在中央民族工作会议上的重要讲话精神，准确把握和全面贯彻我们党关于加强和改进民族工作的重要思想，以铸牢中华民族共同体意识为主线，促进各民族交往交流交融，推动民族地区加快中国式现代化建设，是广西科协贯彻党的民族政策、促进民族团结的一项重要举措，更是落实《全民科学素质行动规划纲要（2021—2035 年)》《关于新时代进一步加强科学技术普及工作的意见》的一次重要科普活动。为了增强各族青少年对中华民族的认同感和自豪感，提升民族地区青少年科学素质，激发广大学生爱科学、学科学、用科学的热情，广西科技馆坚持"大联合、大协作"工作机制，在全区范围内推进广西科技馆"科技馆活动进校园"工作。2020 年 10 月—2023 年 6 月，广西科技馆"科技馆活动进校园"项目走进钦州、百色、南宁、梧州、桂林、柳州、河池、防城港、贵港等市共 178 所学校，惠及师生人数 272965 人，社会反响热烈，取得了良好成效。

一、突出党建核心引领，确保工作方向正确

（一）公益活动领航，献礼建党百年

广西科技馆结合建党百年开展主题专场系列活动，将基层党建融入科普工作的各方面、全过程，实现党建工作与科普工作同频共振、互融共促；2021 年 3—9 月，分别走进广西多地开展了"党徽闪耀　科普为民"暨"新时代文明实践志愿服务"——广西"科技馆活动进校园"系列科普活动。2021 年 9 月 26—29 日，在广西科协的指导和广西少数民族科普工作队的支持下，广西科技馆联合多家单位走进龙胜各族自治县开展"党旗飘扬　科普惠民"——庆祝龙胜各族自治县建县 70 周年公益科普活动，在龙胜各族自治县龙胜实验小学、龙胜实验中学、三江侗族自治县古宜镇中心小学开设活动会场，惠及师生 6545 人，得到龙胜各族自治县委、县政府的高度赞扬，在当地社会引起

了强烈的反响。2023 年 6 月 11—17 日，广西科技馆组织以共产党员为主体的科普志愿者队伍携科普资源深入梧州市、贺州市、桂林市三地乡镇中小学、单位开展科普公益活动，充分发挥广大科技工作者在持续提升乡村青少年科学素质、服务乡村振兴、推动社会文明进步等方面的积极作用，进一步助推高质量乡村青少年科普服务体系建设，促进革命老区青少年科学素质提升。广西科技馆前往百色市、梧州市等广西红色革命发源地，结合红色精神和建党百年主题开展系列科普党建活动；在梧州市开展科普活动，还组织青年科技工作者走访梧州市中共梧州地委·广西特委旧址进行参观学习，让他们牢记党员的神圣使命，学习先辈们的革命精神，为我国科普事业贡献力量。

（二）"科创百年"大放异彩，宣扬历史辉煌成就

"科创百年——建党 100 周年科技成就科普展"由中国科技馆、广西科协主办，经积极争取，多方对接，最终由广西科技馆、百色市科协具体组织实施。这令人心潮澎湃的科普展览落地百色革命老区，引发了参观热潮，让观众更为全面、直观、深入地了解和认识了在中国共产党领导下，中国科技百年发展征程波澜壮阔的历史和取得的灿烂辉煌成就。让革命老区人民在精神上深受鼓舞，对科技自立自强的前景更加充满信心。

二、整合优势科普资源，助力乡村振兴

（一）搭建科普平台，链接优质资源

要充分利用青少年科普活动平台，积极连接社会各界优势科普教育资源，广泛发动广西各厅局、企业、社会组织等力量助力乡村青少年科普工作的开展，为乡村振兴贡献力量。除了整合广西科技馆、广西博物馆、广西自然博物馆、广西民族博物馆、广西非物质文化遗产中心等自治区级单位的优秀科普资源，还要积极协调当地特色优秀科普资源共同开展活动，如百色起义纪念馆、防城港市农业农村局、钦州市气象局、梧州市博物馆、平果市消防大队等。2022 年 10 月 12—14 日，广西科技馆、广西少数民族工作队、广西自然资源档案博物馆、玉林市委统战部、玉林市科协共同开展的 2022 年玉林市八桂科普大行动暨"科技馆活动进校园"活动分别走进陆川县垭塘小学、容县县底镇中心学校、兴业县三心镇高田小学。2023 年 5 月 31 日，广西科协在平果市第九小学隆重举办"学习贯彻二十大　科普点亮新征程"科普进校园促进民族团结平果市主题活动，在"六一"国际儿童节到来之际给孩子们送上科普大餐。同时，广西科技馆、广西少数民族科普工作队、南宁市科学技术协会、百色市科协、广西自然博物馆、广西自然资源档案博物馆、百色市无线电监测中心、广西北斗天宇航天科

技有限公司及南宁市科技馆、平果市消防救援大队等单位携科普活动资源参加活动。

（二）助力乡村振兴，促进民族团结

通过签订服务合同和服务预约的方式，深入乡村少数民族偏远地区开展科普活动。2021年3月22—26日，广西科技馆活动进校园项目走进百色市隆林各族自治县，为当地7所偏远山区学校带去了一场场精彩的科普盛宴，在当地学生的心里埋下了一颗颗科学的种子；2021年6月2—5日，走进防城港东兴市京族学校、防城区十万瑶族乡太平小学等6所学校，结合京族、瑶族文化走进少数民族聚集地开展科普活动，让孩子们感受到"神奇"的科普现象和温暖的人文关怀。为深入贯彻落实习近平总书记在广西视察时的重要讲话精神，助力国家乡村振兴战略，进一步弘扬科学精神，提升全民科学素质，促进民族团结进步，2022年6月14—16日，由广西科协、广西农科院主办，广西科协科普部、广西科技馆、广西少数民族科普工作队、贺州市科协承办的"喜迎二十大 农科院专家带你学科学"科普惠农、科普助学活动走进贺州市。2023年3月5—10日，广西科技馆携科普资源赴北海、防城港、钦州、百色、河池、崇左6市联合开展"奋进新征程科普走边疆"活动，进一步推动广西现代科技馆体系建设，促进科普资源共建共享和优化配置，加强沿海沿边民族地区科普活动开展，助力乡村振兴战略实施，充分发挥现代科技馆体系服务全民科学文化素质提升的作用。

三、注重活动宣传，扩大社会影响力

2020年以来，广西科技馆将活动进校园作为一项重要工作来抓，注重拓宽宣传内容、宣传阵地、宣传途径，注重在扩"面"、做"活"上下功夫，不断扩大社会影响力，推动科普宣传工作再上新台阶。项目注重总结与宣传，在实施期间，不断通过"学习强国"学习平台、人民日报、新华社、广西新闻网、广西科协等的官方网站和微信公众号进行宣传，还通过当地电视台、报刊等媒体进行多方位宣传。广西科技馆坚持把继承和发扬传统民族文化、铸牢中华民族共同体意识根植到科普教育工作实际当中，将三者密切结合，互为推动，为提升边疆民族地区群众科学文化素质，促进各民族交往交流交融，推动民族地区经济社会发展持续发力，奋力在建设新时代中国特色社会主义壮美广西新征程中彰显新担当、展现新作为、做出新贡献。

四、科技馆开展"科普进校园"活动的价值

广西科技馆活动进校园为学生提供了零距离接触科普知识的机会，为学生体验科技乐趣搭建了科普新阵地。为了实现科普教育的功能，广西科技馆融入信息化建设要

求，利用科普大篷车、科学实验等多种资源促进科普资源有效融入校园科技教育，尤其是现场向学生展示最新的科技知识，为学生营造了浓厚的趣味科普教育环境，使学生充分感受到科技的乐趣。广西科技馆在校园开展科普教育，不仅是推广科学知识，而且是对学生进行科技精神、创新精神的培养，通过展示科技实验的多样趣味传播创新精神，鼓励学生积极探索科技领域的新知识和新变化。

习近平总书记在广西视察时叮嘱我们，"让人民生活幸福是'国之大者'"。总书记还指出："科技创新、科学普及是实现创新发展的两翼，要把科学普及放在与科技创新同等重要的位置。"在广西科协的指导下，全区科普工作者遵循习近平总书记重要讲话精神，厚植科普土壤，不断加强科普资源共建共享和优化配置，为推动民族地区经济社会发展，提升民族地区群众科学文化素质，促进各民族交往交流交融，铸牢中华民族共同体意识群策群力，在新时代新征程奋力践行科普人的使命与担当。广西科技馆将持续开展科普进校园系列活动，面向广大青少年大力弘扬科学精神和科学家精神，引导青少年厚植爱国情怀，树立热爱科学、崇尚科学的社会风尚，激发他们树立投身建设科技强国的远大志向；同时，进一步促进民族地区、脱贫地区和农村地区青少年科普活动开展，加强场馆科普能力建设，充分发挥现代科技馆体系服务全民科学素质提升行动的作用。不断提升广大青少年科学素质和创新能力，使其成为建设祖国、建设家乡的栋梁之材，为奋力谱写中国式现代化广西篇章，为新时代壮美广西建设和中华民族伟大复兴添砖加瓦。

发挥科普资源优势，促进民族地区科普工作高质量发展

——贵港市民族地区科普宣传活动案例

梁惠燕

（贵港市科学技术协会）

一、活动背景及概述

贵港市是一个多民族聚居的人口大市，居住着壮、汉、瑶 3 个世居民族和 39 个其他民族。截至 2023 年，全市总人口约 566 万，其中少数民族人口约为全市总人口的 17.66%。少数民族群众大多聚居于水库库区、边远山区和石山地区，自然条件差，基础设施薄弱，生产生活条件落后，科普宣传力度小，群众科学素质偏低。2021 年 4 月，习近平总书记在广西考察时指出："各民族共同团结进步、共同繁荣发展是中华民族的生命所在、力量所在、希望所在，在全面建设社会主义现代化国家的新征程上，一个民族都不能少……"为了尽快提高民族地区群众和青少年科学素质，贵港市少数民族科普工作队充分发挥科普优势，结合民族地区节日，以开展科普宣传活动、培养民族创新人才和科技培训为重点，深入少数民族村寨、学校、社区开展主题科普活动和科技培训活动，积极争取上级资金来服务少数民族聚居区，把巩固拓展脱贫攻坚成果同乡村振兴有效衔接，开展特色科普、民族团结结对共建活动和科普示范村建设工作。

二、活动时间及地点

2021 年 1—12 月，贵港市少数民族村寨、学校、社区。

三、活动内容及成效

（一）发挥自身科普优势，汇聚民族团结进步强大合力

针对民族地区科普宣传薄弱、群众科学素质偏低的情况，贵港市少数民族科普队结合全国科普日、八桂科普大行动、科技文化卫生"三下乡"、"壮族三月三"等时间

节点，重点围绕"中华民族一家亲 同心共筑中国梦"主题，组织科技专家服务团深入少数民族聚居的村寨、学校、社区大力开展科普活动，宣传民族团结进步理论政策和科普知识，为少数民族群众和青少年开展实用技术培训、健康科普培训、青少年科技培训和民族团结进步主题科普宣传活动 60 场，受益群众 60000 人次；开展"万名干部回故乡 带领群众建家乡"活动；开展机关党建助力乡村振兴"六大行动"和"党旗在基层一线高高飘扬"活动；6 名科级以上领导干部开展回乡参与家乡建设调研 108 次；解决基层群众在道路建设、科技教育、实用技术培训等方面的困难 48 件；开展民族团结进步进社区宣传活动，把民族团结进步主题科普活动作为助推社区和谐稳定的有力举措，并结合"我们的节日"传统节日，大力开展民族团结创建工作；开展科普大篷车进社区活动、新时代文明实践暨民族团结进小区活动 20 余次；举办公益科普讲座和实用技术培训 5 期，受益民众 40000 多人次；积极打造"爱心科普公益课堂"，邀请科技教师进社区举办"大手拉小手——科普报告希望行"培训班；通过开展民族团结进步主题科普宣传系列活动，带动广大群众牢固树立"三个离不开"意识，增强"五个认同"和"五个维护"的自觉性和坚定性。

（二）培育民族创新人才，激发民族团结进步创新活力

贵港市少数民族科普队高度重视青少年科技素质教育和科技实践体验活动，以抓青少年科技教育为契机，培育民族创新人才，并在各学校大力推进青少年兴趣特长的培养，组织广大科技工作者及科技辅导员到各中小学校为学生开设科普课堂，指导学校开展科技教学、机器人大赛、科技创新大赛和科普示范学校创建活动；积极组织贵

贵港市少数民族科普队到桂平市石龙镇中心小学开展科普宣传活动

学生体验民族特色节目竹竿舞

港市青少年科技创新项目参加 2021 年广西青少年科技创新大赛、广西青少年机器人比赛、青少年科学影像节、发明创造成果展览交易会等活动。在 2021 年第 19 届广西青少年机器人竞赛暨东盟国家及粤港澳青少年机器人邀请赛中，贵港市有 2 名选手获得冠军，共获一等奖 10 个、二等奖 18 个、三等奖 51 个、优秀奖 24 个、优秀学校奖 1 个，其中贵港市港北区金港小学学生陈智琨荣获 RIC 机器人普及赛和虚拟机器人竞赛两个项目冠军。在 2021 年广西青少年科技创新大赛中，贵港市有 56 个项目获奖，其中一等奖 6 个、二等奖 19 个、三等奖 31 个，产生科技教育创新优秀学校 1 所、优秀

贵港市科学技术协会联合多部门到桂平市江口镇开展科普志愿服务活动

科技辅导员 3 人、优秀组织工作者 1 人、优秀组织单位 4 个；在中小学生十佳科技创新成果网络票选中，贵港市"蔬菜无土栽培自动化装置和实验探究"等 5 个成果上榜。

（三）争取上级资金扶持，树立民族团结进步模范典型

贵港市少数民族科普队把少数民族的乡村振兴工作作为民族团结进步工作的重点，深入推进民族团结进步联系村，做好乡村振兴政策宣传、乡村振兴工作思路谋划及相关工作，致力改善少数民族群众生产、生活条件，为他们办好事、办实事；争取广西科协在"基层科普行动计划"项目上的支持，获得上级扶持资金 156 万元。其中，贵港市少数民族科普工作获经费 10 万元，用于少数民族聚居区巩固拓展脱贫攻坚成果同乡村振兴衔接，以及开展特色科普、民族团结结对共建活动和科普示范村建设。2021年，贵港市创建市级科普示范村 16 个。同时，贵港市少数民族科普队注重发挥好科技服务专家团队和农技协在民族团结进步创建工作中的作用，邀请农业专家、农村致富能手等走上讲台，围绕种植、养殖、加工、农村物流、电子商务等产业开展培训和技术指导，推动科技进村、入户，培养爱农业、懂技术、善经营的现代新型农民，为民族团结进步提供专业化人才保障；开展结对共建"手拉手"帮扶活动，班子成员带头先后深入民族团结进步联系村——桂平市江口镇东升村、民族企业和学校 20 余次，通过召开座谈会，为党员干部上党课，以及走访慰问少数民族脱贫群众和老党员等方式，帮助民族企业、学校、民族团结联系村解决实际困难。

贵港市科学技术协会到桂平市江口镇东升村百益屯举办特色水果种植管理技术专题培训

贵港市科学技术协会到桂平市江口镇岭南村开展科普志愿服务活动

四、经验启示

（一）领导重视，确保少数民族科普工作有序开展

开展少数民族科普宣传工作，关键要看领导重视的程度，有了领导的重视和支持，少数民族科普宣传工作的开展才能够得到保障。2021年，贵港市少数民族科普工作队争取到广西科协面向民族地区开展科普宣传和科技培训经费10万元，为开展少数民族科普宣传工作打下了良好基础。

（二）整合资源，积极开展少数民族科普宣传工作

开展少数民族科普宣传工作，光靠单打独斗是不行的，还得发动各种组织通力开展协作。贵港市少数民族科普工作队通过联合各县（市、区）科协、市级学（协）会和科技专家服务团队深入少数民族聚居的村寨、学校、社区等开展农村实用技术、政策法规、卫生健康、家庭教育、应急救援、科技教育、科普宣传等宣讲（培训）活动，着力提高民族地区公民科学素质。

（三）密切联系少数民族群众，增强科协组织凝聚力

面向少数民族村寨、学校、社区开展主题科普活动和科技培训活动是密切联系基层群众的重要举措，是增强科协凝聚力的重要抓手。贵港市少数民族科普工作队正是通过密切联系少数民族群众，主动为他们提供科普知识和科技、人才服务，使科协工作在基层具有了坚实的群众基础，也为基层科协组织发展提供了强大的生命力。

他山之石

"科普进寺院"为铸牢中华民族
共同体意识凝心聚力

姚晓东

（甘肃省少数民族科普工作队）

甘肃省少数民族科普工作队紧紧围绕甘肃省科学技术协会的工作部署，认真履行服务管理职能，积极整合社会资源，充分发挥科普工作主体作用，广泛开展形式多样、内容丰富的科普宣传活动，助力甘肃省民族地区科普事业向纵深发展。甘肃省少数民族科普工作队在全面推动甘肃省民族地区科普活动高质量开展上谋实招、出实策，探索整合资源、转型升级的科普创新发展模式，打造了"科普进寺院"这个响当当的品牌，从而走出了一条科普新路。

"'科普进寺院'活动不仅针对寺院僧众进行科学普及，而且能充分发挥僧众在少数民族群众中的影响力，带动广大少数民族群众学科学、用科学，让宗教与科学和谐相处，在全社会倡导健康文明的生活方式。"2022年8月31日，在"科普助力乡村振兴·同心共襄'十有家园'"科普进寺院主题活动期间，迭部县旺藏寺院僧人代表嘉洋次成说。

一、强化部门协调联动，凝聚科普工作合力

甘肃省甘南藏族自治州迭部县宗教场所多、信教群众多，民族团结工作是甘肃省少数民族科普工作队各项工作中的重中之重。

2022年以来，甘肃省少数民族科普工作队在甘肃省广河县、康乐县、玛曲县、迭部县等少数民族聚居县开展"科普进寺院"活动，以省、市、县三级科协联动形成合力的方式进行，先后在旺藏寺院、迪岗寺院、拉桑寺院等多个宗教场所，以科普大篷车车载展品为载体，组织开展科普特色宣传活动，向寺院僧人捐赠防疫物资；通过藏汉双语宣讲的方式向僧俗详细解读党的民族宗教政策、惠民政策、法律法规和各类科普知识，强化了寺院信教群众知法、懂法、用法、守法的法治观念，巩固加强了"科普进寺院"活动的效果。活动期间，共悬挂科普宣传横幅26条，摆放食品安全健康、防灾减灾、消防安全常识科普展板120块，向寺院僧侣配发价值共2.5万元的慰问品

85 套，发放各类藏汉双语科普宣传资料 2000 余份，受益信教群众 1000 余人。

与此同时，甘肃省少数民族科普工作队把提升广大信教群众和农牧民的就业与创业能力作为工作的方向和目标，在开展科普知识宣传、实用技术培训、互助结对、农产品营销、解决实际问题等方面进行尝试，通过农技专家进行种养技术培训和实地指导，有针对性地进行点对点帮扶指导，优化少数民族群众种养品种，提高产业种养效益，这既向少数民族群众普及了科学知识，又为开展各类主题活动、创新活动、特色活动提供了有效途径。"科普进寺院"活动进一步增强了少数民族群众科技致富的能力和信心。

为进一步落实工作，甘肃省少数民族科普工作队联合迭部县全民科学素质行动工作领导小组办公室印发《迭部县全民科学素质行动规划纲要实施方案（2022—2025年)》，把开展"科普进寺院"活动作为加强铸牢中华民族共同体意识的重要实施内容；同迭部县科学技术协会（以下简称"迭部县科协"）联合甘南藏族自治州科学技术协会印发《"科普助力乡村振兴　同心共襄'十有家园'"科普进寺院主题活动实施方案》《迭部县"科普助力乡村振兴·创新科技服务社会"科普大篷车进寺院主题活动实施方案》；联系迭部县科协会同迭部县委统战部、迭部县委宣传部、共青团迭部县委、迭部县总工会、迭部县教育和科学技术局、迭部县卫生健康局、迭部县融媒体中心等成员单位汇聚资源和力量，统一安排、统一部署、协同联动，形成科普工作合力，实现统筹推进。

目前，"科普进寺院"活动已经成为广大僧俗体验科技力量、感受科技魅力、提升科学素质的重要平台。接下来，甘肃省少数民族科普工作队将力争在"十四五"期间，实现全县宗教场所科普活动全覆盖，进一步促进藏传佛教文化与现代文明交融共存，让广大僧俗的学习生活插上科学的翅膀，与全社会一道迎接新生活、创造新业绩。

二、创新科普活动模式，打造精品科普活动

"科普进寺院"活动内容与形式多样、趣味与思考并存、理论与实践同步，科学表演、科学实验以及科普影视相结合，为广大僧俗提供了一个集科学性、知识性、趣味性于一体的科普平台。

为丰富科普内容，甘肃省少数民族科普工作队联合迭部县科协围绕"享受科普教育·共建和谐社会""学习贯彻党的二十大精神·铸牢中华民族共同体意识"等主题，赴迭部县赛雍藏寨为在此参加培训活动的百余名僧侣开展科普宣传活动。2022 年 4 月14—18 日，甘肃省少数民族科普工作队联合迭部县科协、甘肃省腐蚀与防护学会、甘肃省农村专业技术联合会、甘肃省新科技教育学院和甘肃汇通职业培训学校举办为期

5 天的"科普进寺院"项目——少数民族信教群众"中式烹调师"精品培训班；同时，联合卫健、教科、环保、消防、应急等全民科学素质行动工作领导小组成员单位，以"讲科学，知荣辱，反邪教，保平安"等为主题，广泛开展法律法规、"五无甘南"、应急、健康、消防安全、农牧村实用技术等内容的科普宣传活动，为广大僧俗带去科普知识"特色餐"。

活动期间，迭部县科协深入迭部县多个宗教场所，覆盖 8 个乡镇、32 个行政村（社区），为广大僧俗提供了优质的科普服务活动。活动期间，发放各类宣传书籍资料 10 余种 3 万余份（册），展出科普展板 600 余块，受益 15000 余人。

在"科普助力乡村振兴·同心共襄'十有家园'"科普进寺院主题活动巡展现场，拉桑寺院的僧人代表乐呵呵地表示："这是我第一次参加'科普进寺院'活动，第一次近距离观看机器狗、机器坦克、无人机的表演，观看科普展板展示，还体验了 VR 眼镜，希望今后能经常参加这样的活动，不断提高自己的科学文化素质。"

三、经验启示

"科普进寺院"活动将"民族团结 + 科普"深度融合，用群众喜闻乐见的形式，把真正贴近群众生产生活的科学知识、科学方法、科学精神送到广大僧俗的身边，为大家带来实实在在的科技体验和科普享受。

下一步，甘肃省少数民族科普工作队将凝心聚力整合现有科普资源及科普大篷车车载展品资源，组织广大科技工作者和科普志愿者深入宗教寺院场所开展富有特色的科学普及、科技表演活动，让"科普进寺院"活动在全县范围内起到引领示范作用，进一步扩大民族宗教工作宣传教育覆盖面，有效促进藏传佛教文化与现代科学文化相融合，全面普及科学技术、民族团结进步知识，提高僧俗科学文化素质。

青海民族地区气象科普发展的特征趋势研究

钟存　魏鹏　　　　　马玉娟

（青海省贵德县气象局）（青海省贵德县农牧和科技局）

天气的阴晴冷暖影响着人们的出行生活，而与天气密切相关的气象信息的制作和传播经历了漫长的发展历程。近 20 年来，国家高度重视气象科普，随着互联网、科技的飞速发展，气象科普水平总体发生了巨大的变化，但是地域差别仍然很大。偏远地区的广大农牧民、中小学生、社区居民等群体仍然缺少基本的气象知识，特别是农民受教育程度普遍偏低，对气象灾害知识了解甚少，对灾害性天气的自我防范和保护意识差；地方政府和气象部门在气象科普宣传上存在形式单一、参与度和融合度不高、针对性不强等特点，加上民族地区属于生态较脆弱区域，气象灾害频发，因此气象科普愈发重要。气象科普宣传有以下特点：气象科普具有民族特殊性，形式以宣传为主，主要内容在气象灾害预防，主要科普对象为中小学校、社区及机关事业单位，宣传内容形式单一、范围有限，专业的科普人才建设滞后，对基层尤其西部落后省（区、市）的民族地区的气象科普发展现状的研究比较少。本文以西部省份的青海省海南藏族自治州贵德县为例，从贵德县近 20 年气象科普的不同形式、科普内容、科普对象、科普活动及当地特殊性、经费支撑等方面进行阐述分析，研究了 20 年间青海基层气象科普发展的特征及趋势，为开展基层气象科普提供科学依据。

一、气象科普发展

（一）科普形式有所改变

在基层大众气象科普的研究中，没有现成的一手资料可以查询，只能通过查阅气象局的档案文件资料，以及同参加工作 20 年以上的相关业务人员调查交流获取。在基层，大众气象科普已从单一的宣传模式，发展到了多渠道、多形式的科普。以青海省海南藏族自治州贵德县为例，通过对县气象局档案文件资料进行查阅和调查发现，2000—2008 年，贵德县的相关部门仅在每年 3 月 23 日"世界气象日"前后到街道宣传，一般仅在气象日当天或前几日在县城所在地广场开展宣传；宣传方式以悬挂每年世界气象日主题的标语条幅为主，同时发放一定量的科普单页材料，数量在 100 ~ 200

份。2008 年 5 月 12 日汶川地震后，经国务院批准，2009 年起每年 5 月 12 日为全国防灾减灾日。贵德县气象局每年会在"3·23"世界气象日、"5·12"全国防灾减灾日到街道进行宣传活动，同时还加强对科技周宣传活动的重视，增加了上街科普宣传活动的次数。

2011—2012 年，随着基层办公经费增加，贵德县气象局增加了每年气象科普宣传活动的次数，但还是限于上街宣传和让学生参观的形式，仅仅是宣传人员人数和宣传次数有所增加。2013 年，贵德县气象局通过制作气象知识科普展板进行宣传，开始走进校园对学生进行科普宣传，同时在学校开展知识问答、专题讲座。2014 年后，随着中央财政"三农"专项的项目支持，贵德县气象局印发了气象科普册子，宣传材料样数和科普内容均大幅增加，宣传材料由黑白全部转为彩色印刷，内容在原先的气象法规宣传的基础上，增加了气象预警信号等内容。按照中央财政"三农"专项实施方案的要求，贵德县气象局开展了"直通式"气象服务，建设农村气象灾害防御机制，跟种植户和气象信息员保持交流，至少每年开展 1～2 次气象知识培训。气象科普活动随着 2017 年中央财政"三农"项目的开展，开始走进农村学校及城镇社区，并且随着气象服务应用系统的增多，气象科普可以通过手机短信、微信群等形式开展，如在天气预报中增加科普标语、在微信群解答气象疑问等。2019 年，青海天气（手机客户端）、抖音、快手和视频号等新媒体科普宣传形式兴起，受到了大众的喜爱。

（二）科普内容有所拓展

2001—2010 年，贵德县的气象科普内容以气象知识相关内容为主，附有《中华人民共和国气象法》和地方相关气象条例等内容。同时，雷电灾害的防御及人工影响天气方面的科普也开始受到重视。例如，在青海省海南藏族自治州，随着 2005 年防雷检测工作由所在 5 个县级台站自主开展，县级区域内雷电灾害预防的科普内容在不同形式的科普活动中展开；每年对易燃易爆场所工作人员就防雷知识普及开展培训和宣传；易出现冰雹灾害的贵南县和同德县从 2002 年开始开展人工影响天气业务，贵德县冰雹灾害相对少，但从 2007 年开始也开展了人工影响天气业务。贵德县气象局每年都增加人工影响天气方面的科普宣传和培训，其中，人影作业人员如何防雹和增雨知识、人影作业设备的原理及应用、云的知识点、雨量观测方法和安全方面的知识点等为每年培训内容。防雹和增雨的益处及注意事项等知识也成了人影作业涉及地的农牧民的科普重点内容。2007 年，青海省海南藏族自治州各县气象局将当地常见气象灾害类型的预警信号及防御内容在宣传材料中以科普形式呈现。

2013 年，贵德县气象局将气象灾害内容通过展板展示，内容不再是单一的雷电灾害内容，还介绍了本地主要的气象灾害特征、发生时期、预防措施等内容。例如，贵德县气象灾害科普涉及易出现的干旱、暴雨、雷电、霜冻、冰雹和大风等内容，这些内容均设置了展板。2014 年，贵德县在中央财政"三农"专项支持下，农村气象灾害防御体系和农业气象服务体系得以建设，为农服务和气象防灾减灾方面的科普得以发展，还根据农业气象服务体系建设中涉农方面气象科普内容制作了农业气象适用技术、农作物与气象要素、二十四节气等内容的宣传小册子。

2015 年，贵德县在县级气象防灾减灾预警中心业务平台建成后，组织相关人员参观了业务平台，增加了天气预报制作、气象要素数据获取和传输、预警信息发布过程演示和观测资料查询系统介绍等科普内容，使该平台成为科普场地。

2016 年，随着中央财政"三农"专项支出加大对贵德县的支持力度，贵德县全面实施农村气象灾害防御体系和农业气象服务体系两个体系建设。在气象防灾减灾的科普方面，项目经费主要投入农村科普，建立了 10 个气象信息服务站，每个气象信息员均配有《气象信息员手册》《农村气象灾害知识要点与防御》等书籍，并将这些书籍作为培训重点内容。2011 年开始，气候变化成为科普的重要内容之一，包括气候变化的原因、气候变化的应对方式、气候变化的危害及气候极端事件等内容。2016 年开始，贵德县气象局重视气象文化科普长廊建设，开始大力科普二十四节气、气象与安全、气象与人类生活等专业气象知识和气象法治建设、气象廉政建设等内容，同时开始涉及气象灾害紧急避险与自救方法、气象仪器知多少、山洪泥石流等与气象有关的衍生灾害的应对方法。

（三）科普对象多元化

通过对县级气象科普对象的调查发现，基层气象科普对象经历了从个别逐渐向大众发展的过程。从贵德县调查的情况来看，2000—2008 年，科普对象仅限于贵德县气象局所在地的城镇居民，居民对科普宣传重视程度不够，再加上科普的形式单一，接受面对面科普的人员仅在 100 人次内。自 2009 年起，贵德县气象局开始在"5·12"全国防灾减灾日到各街道宣传，并重视科技周科普宣传，接受科普的学生和城镇居民人数持续增加，每次能达到 100 ~ 200 人，而专业气象科普对象则仅限于防雷和人影人员。

2011—2013 年，贵德县逐年增加了气象科普宣传次数，接受科普的城镇居民和学生人数比 2001—2010 年均有增加。2014 年后，随着中央财政"三农"专项的项目支持，每年开展气象信息员和重点单位应急责任人培训 1 次以上，加上科普形式的多样化，科普对象及人数均大幅增加。

二、民族地区基层科普活动发展特征

（一）提高针对性

近 20 年，气象科普进校园活动从组织参观气象台站观测场为主，逐步发展到了气象科普走进校园（包括农村学校），以及开展气象知识讲座、发放科普宣传材料和气象知识抢答等多种形式。以贵德县为例，2011 年前气象科普进校园只是单纯地组织参观观测场。2011 年后，气象科普进校园的形式逐渐增多，开始在学校开展科普知识讲座，向学生发放宣传材料，组织学生参观气象站，进行气象知识问答讲解互动等。调查数据显示，这些气象科普活动局限于城镇附近的学校，受众均为小学生和初中生，而且并未对高中生和少数民族班的学生进行科普。从 2014 年中央财政"三农"专项的实施开始，贵德县开展了气象为农服务两个体系建设，气象科普服务走进农村，向农村幼儿园、学校进行科普。科普主要以气象知识讲座、气象灾害视频播放、气象知识问答等形式开展，科普人数逐年增加。从 2011—2020 年接受面对面气象科普学生人数占贵德县小学生和初中生总数百分比来看，比重虽小，但接受科普的人数在逐年增加。

气象科普活动从以学校为主，逐渐发展到与政府各部门之间的合作。贵德县特别加强了与基层的合作，联合开展科普宣传活动，展现了与党建、党支部主题党日和道德讲堂等活动融合共同发展的趋势。在气象重要信息接收方面，从 2016 年中央财政"三农"专项在贫困县和少数民族聚居县全面实施来看，贵德县农村气象灾害防御体系和农业气象服务体系两个体系全面开展建设，气象信息员队伍不断完善发展，能够保证每个村（社区）有一名气象信息员，每个乡镇有一名协理员，每个重点企业、单位部门最少有一名应急责任人能够接收到气象信息，这解决了气象信息传播的"最后一公

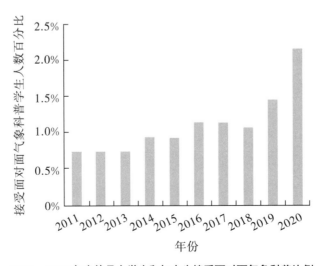

2011—2020 年贵德县小学生和初中生接受面对面气象科普比例

里"问题,气象科普涉及面扩大到了每个村、社区及相关部门,气象防灾减灾方面的科普涉及群体不断扩大,科普内容有了提高;重要性、转折性和灾害性天气、气象灾害预警信息均能发送接收,并且通过各自村(社区)和单位群体的微信群和其他方式及时转发;气象重要信息编发方面均能够做到内容简洁明了、重点突出、语言通俗易懂,确保信息准确无误,时效性也有了较大的提高。农牧民对气象信息的需求也逐渐增加,同时气象信息在农牧民心中得到了重视。

气象科普人才培养发展较为缓慢。截至 2021 年,青海省县级气象部门仍没有专职气象科普岗位,均为兼职人员。专门组织培养科普人才方面,青海省从 2016 年开始推动科普类培训向基层延伸,县级气象人员开始参加科普培训和科普演讲等活动,同时开始举行气象科普征文和视频评比大赛,县级气象人员积极参加,科普能力得到了提高。在 2020 年青海省县级气象部门的目标任务考核中,加入了气象业务科研成果的科普转化考核,这表明气象科普受重视程度越来越高。

(二)增加投入

在科普基地、场馆建设方面,青海省科普基地和场馆建设向民族地区倾斜。全国气象科普基地中,青海省有 5 家,其中民族地区占 2 家,分别为青海省海南藏族自治州气象局和青海省玉树藏族自治州气象局,2 个州级气象局均在建设气象科普馆,但由于经费投入问题,2 个科普馆均未建设完工开放运营。但气象科普经费的支持力度正在逐年增加。2001—2010 年,贵德县每年的气象科普经费约在几百元,主要为气象日上街宣传的经费支出,以及气象报和气象知识杂志的征订费用,也包括对业务人员进行人工影响天气和防雷检测业务等相关科普知识培训的费用。2011—2013 年,随着科普宣传次数增加和科普展牌制作工作的开展,科普经费支出增多。从 2014 年中央财政"三农"专项实施以来,贵德县科普宣传品制作种类及数量、气象类报纸杂志的征订份数均有所增加,经费支出达到每年 5000 元。随着中央财政"三农"专项中对加强当地气象为特色农业服务的要求的提出,贵德县开始制作为农服务和气象防灾减灾科普展板,以及向专业合作社普及为农服务信息,自此科普类支持经费大幅提高,2017 年投入经费已达到 4.7 万元。

三、气象科普在贫困地区和民族地区发展的建议

中国的民族地区主要分布在欠发达地区或生态环境较差的边远山区。受历史、宗教、文化、地域和环境等因素影响,民族地区群众科学素质水平普遍偏低。山区气候条件差,气象灾害多,对气象科普需求大。近 20 年来气象科普虽不能普及到每一个民

族地区，但已经可以结合当地民族特色进行科普，如将民族地区气象科普传播与民族文化融合、用少数民族语言翻译印发气象科普宣传材料、发展少数民族气象科普员、培养少数民族气象干部等，逐步增加为少数民族提供的服务。

（一）加强对民族地区的气象科普

2001—2010 年，气象科普宣传语言从单一的汉语转变为了汉语和藏语双语，但是针对少数民族的科普疑问解答和宣传交流仍以汉语为主。贵德县把每年世界气象日上街宣传的材料和科普从单一的汉语转向藏汉双语印刷。在解答疑问的过程中，贵南县气象局有懂藏语的职工，能够直接用藏语同藏族居民进行交流。但在这 10 年中，青海省海南藏族自治州的 5 个县局均未开展直接面向藏族牧民科普的专题宣传科普活动，学生到气象局进行观测场参观活动时，也没有专门请藏文班学生来参观和用藏语科普讲解。

2011—2020 年，贵德县科普材料及科普用品均能够做到藏汉双语制作，科普宣传中逐渐重视为少数民族专门策划独特的活动形式。2011—2012 年，贵德县每年在世界气象日均举办参加人数在 100 人左右的活动，但并未专门为民族班（藏语班）学生开展科普宣传或参观的活动；2013 年贵德县开始制作气象知识科普展板；2014 年后，在中央财政"三农"专项的支持下，贵德县印刷的气象科普册子均为藏汉双语；2016 年开始制作藏汉双语的气象科普用品，如手提袋、纸杯等。2019 年，青海省开始开展气象科普进寺院活动，制作藏语版雷电灾害科普视频，发放天气生活科普彩页宣传材料等。青海省玉树藏族自治州对雷电灾害预防科普越来越受到重视，每年 5—6 月是挖虫草时期，雷电灾害预警信号发布和科普服务开展是这 2 个月的重要气象服务内容之一，气象服务人员会深入山区和采挖点进行科普宣传，发放科普材料。

要加强民族地区的气象科普宣传，首先要做好民族地区的气象防灾减灾科普，结合民族地区生态环境脆弱的地理因素，重点在气象保障生态文明建设方面加强科普，结合民族历史和文化发展，充分利用少数民族生态保护意识强的特点，将"气候好产品""天然氧吧""气候养生乡"与气象科普融合，发挥好气象科普的桥梁纽带作用。例如，广西壮族自治区编制气象科普山歌；青海省地震局和青海省海北州地震局利用藏族弹唱、说唱等藏族人民喜闻乐见的形式，普及防震减灾常识等。同时，在青海省民族地区可以利用花儿和藏族的弹唱形式普及气象常识，也可以挖掘青海方言及青海花儿中的气象知识"密码"来科普气象知识。

（二）利用好现有的多媒体科普手段，结合民族特色形式开展科普

青海省玉树藏族自治州气象局制作了藏语雷电灾害预防短片，片中通过藏族动画

造型的主人公科普雷电知识，更具民族特色和亲和力。青海省气象服务中心制作的雷电灾害预防唐卡，在科普宣传中赢得藏族同胞的喜爱；同时也推进民族地区"互联网 + 气象科普"形式，如在青海民族地区，农牧民喜欢使用短视频软件，青海省气象服务中心就在短视频软件上推出藏语版天气预报和气象科普直播；在不同时期根据青海少数民族居住地区的气候特点增加一些农牧业气象服务科普；在青海旅游黄金期到来之前从气候角度出发，增加对民族地区的旅游宣传等，让气象科普起到服务农牧业气象、旅游气象及乡村振兴的作用。

（三）在人才方面加大培养，在资金方面增加投入力度

要充分发挥好青海省少数民族气象信息员作用，利用少数民族气象信息员做好对少数民族农牧民的二次科普宣传；加强气象人才队伍建设，合理科学安排对重点人群的科普；针对基层多民族并存的特征，对少数民族的科普要结合民族历史文化及当地语言，结合气象知识设计科普活动；针对农牧民的生活安全及农牧业的气象服务等方面制作科普材料。下一步，青海省气象科普场馆建设将继续向民族地区发展，省内民族地区县级气象局也将积极申报"全国气象科普基地"和"百年气象站"，挖掘当地独特的气象科普资源。

乡村振兴背景下民族地区卫生健康
"1244"科普宣传模式研究

王红艳　张先庚　曹俊　李毅　周钒　谢雨青

（四川护理职业学院）

习近平总书记在 2016 年 5 月的全国科技创新大会、两院院士大会、中国科协第九次全国代表大会上明确指出："科技创新、科学普及是实现创新发展的两翼，要把科学普及放在与科技创新同等重要的位置。没有全民科学素质普遍提高，就难以建立起宏大的高素质创新大军，难以实现科技成果快速转化。"2021 年 6 月，国务院发布《全民科学素质行动规划纲要（2021—2035 年）》，更加体现了"科技创新"与"科学普及"同等重要的思想。习近平总书记指出"没有全民健康，就没有全面小康。"为巩固拓展脱贫攻坚成果同乡村振兴有效衔接，四川护理职业学院作为医药卫生类院校和四川生命健康科普基地，以弘扬"生命与健康"为主题，构建大卫生、大健康格局，面向社会各群体，特别是在乡村振兴帮扶地阿坝藏族羌族自治州若尔盖县普及卫生健康专业知识，弘扬科学精神，提高当地少数民族农牧民整体健康素养，保障人民群众生命安全和身体健康，深入落实"人民至上，生命至上"理念，全面赋能乡村振兴和健康中国战略。

一、国内科普工作研究现状

（一）科普政策

中华人民共和国成立以来，特别是改革开放以来，党和政府以及中国科协等部门制定了一系列科普法规和政策。1994 年 12 月，我国第一个全面论述科普工作的官方文件《中共中央 国务院关于加强科学技术普及工作的若干意见》出台，明确提出"提高全民科学文化素质是当前和今后一个时期科普工作的重要任务"。进入 21 世纪，《中华人民共和国科学技术普及法》颁布，该法第三章第十三条规定："科普是全社会的共同任务，社会各界都应当组织参加各类科普活动。"2006 年 2 月 6 日，国务院印发《全民科学素质行动计划纲要（2006—2010—2020 年)》，明确指出实施全民科学素质行动计划的方针是"政府推动，全民参与，提升素质，促进和谐"。在此期间陆续出台的政策，如《关于鼓励科普事业发展税收政策问题的通知》《关于加强国家科普能力建设的若干意见》均明确，我国科普事业由政府主导的同时，社会、企业方面的力量和资源也在逐步参与其中。"十四五"规划与2035年长远目标纲要明确指出，要广泛开展科普活动，形成热爱科学、崇尚创新的社会氛围，提高全民科学素质。

（二）科普研究现状

从20世纪80年代开始，我国把科普作为一门学科来研究。1980年，中国科普研究所成立，科普研究在我国进入了一个相对稳定的发展时期。关于我国的科普研究主要体现在三个方面：①传统科普领域，主要依靠科普实践的形式，研究内容多是科普的机制、方法和效果，涌现了众多颇具影响力的专著，到2006年我国科普资源共享的理论和模式初步形成；②引进与应用西方科普理论领域，着力于公众科学素质的调查与实践研究，以中国科学院李大光研究员为代表的一批学者致力于将国外最新科学技术进展介绍给国内；③科学传播领域，1990年末，北京、上海两地学者初创了科学传播领域的研究方向，之后呈现南北呼应、多学科参与的局面。从总体来看，关于卫生健康领域的科普研究主要涉及心理健康科普研究、危险因素健康科普研究、慢性病健康科普研究和传染性疾病科普研究等方面，而针对康养类的科普研究和宣传未见报道。加强康养类科普宣传，提升保健水平迫在眉睫。

（三）科普人才培养

建设科普人才队伍是科普工作中非常关键的一环，对推进我国全民科学素质提升发挥着至关重要的作用。《中国科协科普人才发展规划纲要（2010—2020年）》中指出，科普人才指具备一定科学素质和科普专业技能，从事科普实践并进行创造性劳动，做出积极贡献的劳动者。科普人才是将人类在对社会、对自然了解的过程中形成的各种知识、原理通过通俗易懂的方式传播给群众，从而使人民群众的科学素质水平得到提升的一类专业型人才。科普人才应当具备相应的条件：①掌握基本科学知识；②将这些科学知识科普化为大众能接受的通俗易懂的言语，即可转变编译的能力；③熟悉科学的传播方式，可利用杂志、报纸和影视等传统媒体，以及互联网、微信公众号等新媒体，找到适合不同传播渠道的科学传播模式和方法，向社会公众进行科学知识传播；④具有科普活动的策划能力，通过综合性的科普活动或专题性的科普活动展示科学知识，使公众在参加科普活动的过程中了解世界科技发展趋势，了解国家发展动向；⑤科普理论的研究能力。

1995年5月6日，中共中央、国务院首次提出实施科教兴国战略。随着科教兴国战略的进一步实施，科普人才培养的模式也逐步扩展到在高等院校设立科普相关专业与继续教育培养科普人才相结合的模式，一改原来兼职转岗培训的单一模式。北京大学、复旦大学、中国科学技术大学等近10所重点院校已设立了科技传播专业方向或研究中心，使科普人才技能培养方式能够运用现代媒体技术进行。在继续教育方面，以上海为代表的继续教育科普人才培养工作也形成一定规模。但从我国科普人才的培养现状看，我国科普人才队伍仍存在数量不足、质量不高、区域不均衡等问题，特别是在师资队伍建设、学科专业建设、实训基地建设和机制创新等方面必须突破重要瓶颈。科普工作虽然着眼于大众普及，但本质上却是高度专业化的知识传播活动。因此，需要专业人士才能提供专业保障，才能促进科学普及和科技创新协同发展。加强高水平科普人才培养工作是重要而有效的方式，社会各界都应对高水平科普人才培养问题给予足够的重视。

（四）科普宣传方式

《"十四五"国民健康规划》提出："深入开展健康知识宣传普及，提升居民健康素养。"但一些居民仍缺乏保护健康的知识和技能，不健康的生活行为方式仍然相当普遍。因此，他们的健康素养水平还有很大的提升空间。提高公众的健康素养水平离不开健康知识的有效普及。传统健康科普类出版物是传播健康知识的重要载体，随着受众阅读习惯的改变，从单一形态内容生产和传播转向多模态内容生产和传播已成为一种必然趋势。我国每年举办数十万次科普活动，参与人数以亿计，其投入经费连续多年占科普经费总体支出之首。例如，中华中医药学会周围血管病分会根据全体会员所在省（市、区）和医院的疫情防控要求，组织开展多种形式的"周围血管病义诊宣传日"活动。活动中向群众发放了周围血管病科普宣传册，为患者进行了免费的血管检查。同时，开展了线上及线下的周围血管病知识讲座，包括周围血管常见病介绍、糖尿病足的防护、疫情居家如何保护我们的双腿、居家封控预防血栓等。

如果想要推进科学素质建设，必须把政府引导力、公民需求力、社会参与力和市场运作力相结合。而构建公民科学素质应采取"三位一体"的方法，应主张双向互动、多主体参与、交叉综合三个模式融合，强调在科普过程中主客体之间的互动关系与协商氛围，重视其反馈意见。政府、社会组织、学校和家庭应共同参与支撑科普传播体系，解决科普传播力量单一的问题，对不同层次和层面的人群采取多渠道、多方向、多层面的传播模式，营造科学的传播氛围。科普宣传呈现4个特点。①政府支持，将科普活动纳入国家的科技政策。②企业参与，企业通过设立基金会等方式支持科普项目。③高校协作，高校的学术团体在科普工作中积极发挥作用。④媒体宣传，大众传媒通过广播、电视和报纸等媒介宣传科技知识。

二、民族地区"1244"科普宣传模式

（一）聚焦一条主线

聚焦一条主线，以乡村振兴为主题，以慢病管理、急救科普为抓手，宣传普及卫生健康知识，推广健康科普和急救技术。为积极贯彻中共中央、国务院《关于做好2022年全面推进乡村振兴重点工作的意见》精神，巩固健康扶贫成果，同时有效与乡村振兴进行衔接，进一步补齐贫困地区卫生健康服务短板，四川护理职业学院对口帮扶的乡村振兴国家重点县四川省阿坝藏族羌族自治州若尔盖县和壤塘县工作队成员结合当地农牧民、学生、教师、医务人员等不同人群，分类开展卫生健康宣教、疾病诊疗、急救知识宣传、急救技术培训、中医保健等系列专题讲座，提升基层群众的生命健康水平，助推当地的乡村振兴。

（二）依托两个基地

依托四川生命健康科普基地和首批全国急救教育试点学校。四川生命健康科普基地设有"五大馆"，即健康文化馆、生命历程馆、健康技术技能馆、中医特色馆、健康体验馆。健康文化馆含校史馆、智慧党建思政馆，在全校营造卫生健康科普氛围，开展"普及科学知识，呵护生命健康"科普系列活动。

（三）搭建四方平台

打造"政府支持—学校主导—行业引领—医院主体"四方协同科普平台。该平台以县长为组长，县乡村振兴局、卫健委、文旅局等为成员形成科普宣传领导小组，结合地方实际，出台相关政策文件；发挥学校专业、专家和资源优势，成立以校长牵头的科普宣传工作组，采取线上线下混合形式，重点为康养科普人才进行技术技能培训与指导；成立顾问监督小组，邀请资历高、经验丰富的康养临床专家及乡村振兴、红色文化、旅游等行业专家组成的顾问小组，全面推进科普宣传模式落地落实；县、乡镇医院组建医务人员卫生健康科普队伍，分层分类分区域推进科普宣传。同时，为提高若尔盖县医务人员的医学专业知识技能和健康科普水平，学校会定期为若尔盖县医务人员做医学知识与科普系列专题培训，打造了一支基层医务人员健康科普队伍。

（四）开展"四进"活动

"四进"活动，即进课堂、进学校、进家庭、进村庄活动，定期为学校教师和学生开展卫生健康保健、急救知识、防溺水、用水用电等知识科普。通过将科普知识送到民众家，改善农牧民疾病防治意识，让他们学习卫生知识与技能，养成健康文明的生

活习惯,提升自身健康素养水平,防止民众因病致贫、返贫,引导农牧民树立"大卫生大健康"理念,当好自我健康"第一责任人"。

活动对若尔盖县儿童、教师开展以"关爱未来,拥抱生命"和以"用爱'手'护,成'救'你我"为主题的急救知识宣讲和心肺复苏等急救操作技术系列培训,让大家在实践中学习正确的急救方法,学会在意外来临时进行正确、快速地施救;向农牧民发放由学校专家制作的高原常见地方病防治手册,宣传大骨节病、高原性心脏病、糖尿病等常见病的防治措施;以"家庭小药箱的配置与规范化管理"为题,对农牧民小药箱里装什么、如何管理小药箱和如何安全管理家庭小药箱三大方面进行全面指导;为农牧民开展测血糖、艾条灸、中医推拿等常规诊疗服务与自我操作指导,帮助农牧民养成良好的卫生健康习惯,树立"大卫生大健康"理念。

三、建设效果

(一)科普教育氛围浓厚,共筑生命健康屏障

"四进"活动使168名教师、633名学生、1310名农牧民学习和掌握了急救知识和技能,使他们敢于施救、善于施救。上万名农牧民学习了大骨节病、高血压的保健知识,切实提高了社会急救知识普及率和救护能力,对保障生命健康具有重要的现实意义。科普宣传获"学习强国"学习平台、中国教育在线、四川省教育厅官网、四川职教网、《教育导报》等媒体报道15次。

(二)职教赋能防返贫,助力乡村振兴

"四进"活动通过多形式、多渠道开展乡村基层系列科普培训,关爱农牧民生命健康,为当地农牧民开展健康宣传教育、疾病诊疗、急救知识宣传、急救技术培训、中医保健等健康服务,满足农牧民多样化的健康需求;通过提升县医院、乡镇卫生院医务人员和康养人员技术技能水平,助力当地发展健康产业康养旅游,实现经济效益和社会效益双赢。同时,打造民族地区基层卫生人才培养特色品牌,以点带面,在全省全国推广应用,助推职教赋能防返贫,助力乡村振兴,为促进民族地区团结、国家安定和谐作出积极贡献。

科普教育基地是面向社会开展科学知识、科学精神和科学技术成果普及的教育区域,四川护理职业学院积极发挥首批全国急救教育试点学校和四川生命健康科普基地的作用,重视科普教育工作,加大投入、扩大宣传,将形成的"可复制、可推广"的"1244"科普工作模式,在四川省内外宣传推广,让"人人学科普,科普为人人"在民

族地区居民中成为常态，为民族地区居民赋能乡村振兴与全民健康，提升民族地区农牧民健康素养，防止因病致贫、因病返贫，全面助力民族地区的乡村振兴和健康中国战略。

西藏科普产品的现状与发展路径研究

——以西藏自然科学博物馆为例

曾庆伟

（西藏自然科学博物馆）

近年来，我国的科普产业得到极大发展，科普产品作为科普产业的重要组成部分也相应地发展壮大，特别是中国科普产品博览会已经连续举办十届，科普产品的种类、范围、深度都实现了从量的渐进性积累到质的突破性变化。但是，西藏还依然面临着科普产品起步低、积累少、发展缓的现实问题，导致现阶段西藏科普产品创作和产出相对滞后，不能满足人民日益增长的美好生活需要，也不能有效支撑西藏经济社会高质量发展。在以中国式现代化全面推进中华民族伟大复兴的新征程上，西藏科普着力聚焦国内科技发展"四个面向"和高水平科技自立自强总目标，以大众现实生活需要为导向，以不断提升科普产品供给服务能力为抓手，针对科普资源开发力度不足、民族特色科普产品少等问题，逐步探索具有西藏特色、民族特性的科普产品研发，尤其是在具有西藏地域文化特色的各类科普文化衍生品上尝试开发，并取得一定成果，有效服务了西藏经济高质量发展并促进社会长治久安。

一、国内科普产品的发展态势

（一）定义及分类

1.定义

科普产品即以科普为目的的一般产品。目前学界对"科普产品"的概念还没有一个特定的解释，只要是为宣传阐释某一个科学知识及科学原理的各类相关产品都可称得上是科普产品。现阶段，科普产品主要以文字、照片、音频、视频等为主要内容，经过创作加工后，可以形成图书、期刊、报纸、杂志、音像、广播、影视等科普产品。

2.区别与分类

科普产品比起科普展品，概念更为宽泛和广义，其涵盖的内容、涉及的行业也更多。科普展品则主要针对特定内容，采用陈列、演示、体验互动等形式，利用声、光、电等技术手段展示科学概念，以期达到教育目标。科普产品主要分为四类：图书、期刊、报纸、杂志等平面媒体类科普产品；音像、广播、影视等多媒体类科普产品；以演唱、演奏、表演、实物、数字化等为载体，结合科普剧本，满足形象、情绪和情感传达需要的舞台、体验互动类科普产品；其他类是上述分类中未包含的科普产品。

（二）发展需要及重要意义

在科学技术高速发展的今天，科普产品的广泛使用已经成为生活中不可或缺的一部分，从学生的一本科学读物到科技企业研发的各类适应公众生活需要的电子产品，从某种意义上讲，都需要科普产品及其衍生品来为公众服务。

1. 必然性

《全民科学素质行动规划纲要实施方案（2021—2035 年）》明确提出，将加快推进科普特色产品的原创开发，进行科普内容策源，延伸科普传播路径，打造科普原创专业团队，这是新时代经济社会发展的重要科技支撑内容，是人民日益增长的物质需要与精神文化需求相适应的必然要求，是我们实现高水平科技自立自强的重要抓手。

2. 紧迫性

科普产品的快速发展应用反映了我国科技创新发展从量变到质变的全过程。科普产品种类由少到多、由弱变强、由简到繁，这恰是社会发展、科技发展的生动缩影。科普产品在我们生活中扮演着愈来愈重要的角色，创作发展愈来愈紧迫必要。

3. 服务性

社会越是发展速度快、文明程度高，越需要高质量的科普产品。这样才能更加有效地服务于国家科技发展战略需求，服务于弘扬科学精神和科学家精神，服务于公众的精神文化生活，不断为公众提供生活便利、提供科学知识、提高生活品质。

4. 独特性

开发具有地方特色的科普信息产品和科普实物产品，对于扶持科普创作人才成长、推动原创科普作品的创作具有独特的意义。对各领域特色科普加大开发力度，打造更加贴近生活、更加符合需求的科普内容，不断创新科普形式，增强科普手段，才能建立与科技创新自立自强相契合的科普产品研发和展示体系。

二、西藏科普产品的现状及发展滞后原因

西藏科普产品创作开发虽然取得了一定进展，但仍然存在总量不足、质量不高的问题。从西藏科普产品的产出类别来看，西藏科普产品以平面媒体和多媒体方面的产品居多，其他类别的科普产品非常少，甚至没有。而舞台、体验互动类科普产品已经成为我国东部发达地区的主导产品，这一类的产品在服务公众需求、提供科学传播趣

味、占领销售市场等方面更具有优势。导致西藏科普产品发展滞后的主要原因有以下几个方面：一是科普产品创作人才与全国其他省份比较还有一定差距，特别是参与科普产品创作的人员在行业范围和数量上都面临资源紧缺的问题；二是科普产品开发创作的平台和渠道较少，一些科普科研机构没有真正将自身平台利用起来开展科普产品的创作研发，而是仅限于完成自身"本职工作"，与之配套的科普产业链未完全形成，相关生产科普产品的企业少之又少；三是具有本地特色的各类科普资源比较分散，如诸多科研项目仅能够完成项目本身，并未达到向社会公众普及的基本要求；四是科普产品产销制度和环境尚不完善，各界对科普工作重要性认识不到位，落实科学普及与科技创新同等重要的制度安排还不成熟，还存在高质量科普产品和服务供给不足、网络伪科普流传等问题。

三、发展西藏特色科普产品的探索尝试

（一）加大科普内容创作力度，持续开发意义深远的科普产品

西藏自然科学博物馆作为全区最大的科普平台，一是在各大网络平台重点推出"高原精灵——鸟类系列"展览，在线下结合"馆校合作"项目，广泛而深入地普及鸟类知识，让公众养成热爱科学、热爱自然的良好意识，形成用科学的方式保护动物、保护生态环境的良好风尚。二是以西藏百万农奴解放纪念馆展陈为基础，面向社会各界公众，创作形成了内容丰富、形式活泼、寓教于乐、发人深省的爱国主义教育课程。三是积极申报2020年中国科协"参观科技展览有奖征文活动暨科技夏令营"西藏营活动，立足西藏特色资源，策划出更加丰富的活动方案，利用"5G+"不断提升西藏自然科学博物馆在组织实施大型活动方面的能力。四是开展"天宫课堂"西藏地面活动，与央视多套频道及客户端等进行实时直播连线，"天地对话"的创举在国内外取得了巨大社会反响。

（二）有效利用新媒体平台，着力提升科普影响力

一是总结优秀的网络科普方法，逐步积累创作经验，提升技术支撑能力，并向国内优秀博物馆交流学习，汲取成功经验为其所用，形成了"云直播"的观展模式。二是为充分发挥网络平台宣传作用，利用门户网站及微信公众号等新媒体，积极策划科普文章的推送工作，并注册官方抖音号，拍摄制作抖音短视频。西藏自然科学博物馆累计在微信公众号发布科普活动文章145篇、门户网站科普信息109条、抖音科普小视频18个（最高点击量达424.6万次）。三是以国际博物馆日和全国科技周活动为契机，乘势开启"云科普"活动。2020年5月以来，西藏自然科学博物馆陆续在抖音、

微信公众号、官网推出科学表演秀、科普实验课等科普活动。其中,《病毒来袭》《垃圾分类》与时代热点高度契合,表演风格诙谐、内容丰富、寓教于乐,得到了社会各界的一致好评。四是积极参与"云瞰西藏游"活动,推动游客凭"云瞰西藏码"进场参观游览;通过网络平台参加首届全国红色故事讲解员大赛,有力提升了讲解员的讲解技能水平。

(三)立足西藏特色资源禀赋,深化科普创作的独特性

西藏自然科学博物馆更加注重将干部培训教育的严肃性与讲解方法的科学性相结合,在坚持理论教育的同时,采用现场互动、实地体验、讨论交流等方式,创作出语言平实质朴、内容生动鲜活的讲解脚本;通过进行讲解、感染和引领,将过去培训学习的程序化知识,从灌输式和报告式转变为高度参与式学习,调动干部的主观能动性,充分发挥民族特色资源对干部的教育作用,形成了具有西藏特色的科普产品;充分利用各种新技术、新手段,以提升服务质量为出发点,多层面、多领域、多维度地推进和深化西藏自然科学博物馆民族特色科普产品的数字化建设,加强与国内其他科技场馆的交流与合作,积极参与中国数字科技馆共建共享工程,提升数字化水平,推出更多科普产品。

四、西藏特色科普产品开发的建议和思考

(一)强化科普重点群体,抓好科普产品的关键点

科学普及有助于青少年创新能力的培养,只有青少年的创新能力得到提升,国家的创新能力才能获得大的发展。因此,我们更应该注重对本地青少年的科学普及和创新能力的培养,从而提升整个西藏乃至全国的创新能力。结合西藏科普的具体实际,一是要进一步面向青少年群体,研究更贴近青少年群体的科普产品,特别是创作推出一批各领域、各专业的重点化研究成果,不急于开展全面系统的内容研究,要按"点、线、面"的工作思路,重点突出一些具有西藏特点特色的专业进行研究,并将成果转化为科普产品,制定符合西藏民族文化特色并面向全区青少年的科学教育方案。二是要进一步细化"馆校合作",研发更高质量的科普教育课程。进一步做到分工明确、职责清晰,形成具有研发团队、授课团队、评估体系、课程体系、实验操作等系统性的科普教育课程。由于西藏科普资源稀缺,"馆校合作"起步较晚,可以通过援藏渠道为西藏自然科学博物馆提供"软"援助,将优秀的课程分享给西藏青少年,不断提高西藏"馆校合作"科普教育活动的质量和水平。三是要继续探索研究适应青少年学习科学的规律和特点,制订可复制的科普教育脚本。通过面向青少年进行科普教育的内容

和形式创新，积极拓展展览教育资源，在西藏培训和实验等非展览型科普教育活动的开发上，不断摸索创新，将优秀实验课、经典科普话剧、特色科教讲座等优质科普资源梳理整合，形成标准化、系统化的科学教育范本，在西藏全区进行推广复制，进一步培养青少年对科学的探索精神，营造浓厚的科技创新环境。四是要根据教育形式的发展，建立校外科普特色产品。建议通过援藏协作单位共同组织科普教育活动，特别是共享研学团队经验及冬令营、夏令营等校外科普活动。

（二）加强场馆自身建设，延伸西藏科普产品的"延长线"

科学普及的快速、健康可持续发展有赖于科普产品的持续产出。西藏自然科学博物馆作为集展示与教育、科研与交流、收藏与制作于一体的公益性特大综合型博物馆，场馆建设深刻影响着本地区科普工作开展的持续性和延展性。抓好场馆建设，以科技援藏和与区外优秀场馆建立协作关系等方式途径，进一步促进科普资源交流与合作，提升场馆人才建设及硬件设施，对于持续推动西藏自然科学博物馆顺应时代潮流、长久性发挥科普基地作用具有重要意义。结合西藏自然科学博物馆面临的一些问题难点，提出以下三点建议。一是体制机制方面，建议通过科普援藏等渠道，建立全国科普场馆对西藏的全方位帮扶交流机制，为西藏自然科学博物馆的运营管理、交流巡展、特色展品设计及科普讲解培训等方面提供系统化、专业化支持，助推西藏科技创新发展。二是人才培养与交流方面，建议加强与协作单位的研究人员、展品保管人员及讲解员的交流合作，建议通过学习考察、挂职、参加合作项目等形式，形成人才交流的常态化机制。三是科普能力提升方面，希望各地方有关单位可以积极协调国家科技管理部门，进一步加强西藏科普能力建设，在资金、政策、设备方面给予西藏科普工作支持，通过援藏渠道，援助科普大篷车，用于每年开展科普下乡、科普进校园活动。

（三）整合梳理科普资源，扩大科普产品的覆盖面

科研科普同向发力已经成为创新驱动发展战略不可或缺的重要支撑力量。如果不把科学普及放在与科技创新同等重要的位置，我们的创新发展便会重心不稳，难以飞得更高、更远。扩大科研、科普成果转移转化的"覆盖面"，一是要丰富场馆展览资源，拓宽科普产品创作内容，加强与其他场馆科普产品交流互鉴，充分发挥西藏与其他场馆各自资源优势，实现资源共享，同时利用其他场馆丰富的科普产品资源和专业技术优势，建立馆际间常态化科普产品交流互鉴机制，特别是可以积极探索特色展品互展、老旧展品互捐等合作模式。二是要依托第二次青藏高原综合科学考察研究重大历史机遇，为西藏自然科学博物馆在科普产品方面提供宝贵资源，快速有效提升西藏整体科普产品开发创作水平，把西藏自然科学博物馆建设成为具有全国影响力的青藏

高原科学科普阵地。三是要创新展览方式方法，借鉴内地场馆采取举办临时展览的办法，将特色科普产品按照主题策划布展，在其他协作场馆展示宣传；持续引进其他场馆精品展览，丰富展陈内容，将先进的科技知识展示给公众，让广大公众足不出户就能看到北京、上海、广东等博物馆的各类资源，共享科技文化成果。四是深化国内科普合作交流，提升西藏利用和配置全国科普资源的能力。围绕科普产品创新链，形成科技知识、科学方法、科学思想、科学精神相互融合的科普产品体系。开发具有特定科学传播与普及功能的综合性科普产品馆，组建行业联盟、区域联盟，整合国内科技资源、优化战略布局、开展科技联合行动，形成具有青藏高原科普特点的品牌效应，不断提升西藏科普产品创作开发的能力水平。

馆校合作背景下的青少年科普教育

——以内蒙古博物院"行走中的博物馆"项目为例

蒋丽楠

（内蒙古博物院）

加强科普教育，提高全民科学素质，是增强青少年创新能力的一项基础性工程。青少年是科普教育的重要对象，激发他们对科学知识的兴趣，培养他们的科学思维和科学态度，对于激活科技创新潜力、保障科教兴国和人才强国战略顺利实施具有重要意义。博物馆与学校的合作越来越引起社会的关注，国家对馆校合作的政策推进力度也不断加大。2015 年，国家文物局和教育部联合下发了《关于加强文教结合、完善博物馆青少年教育功能的指导意见》，明确了建立馆校联合长效机制的保障措施。2020 年，教育部和国家文物局又联合印发了《关于利用博物馆资源开展中小学教育教学的意见》，特别强调推动博物馆教育资源与学校需求的有机衔接，更加明确教育主管部门、中小学校、文物部门与博物馆各自在利用博物馆资源开展中小学教育教学中的责任分工和具体要求。如何开发和利用优势资源，在馆校合作的背景下更好地开展青少年科普教育，需要学校和博物馆共同探索、实践和创新。

一、学校和博物馆开展青少年科普教育的特点

学校是开展教育的专门机构，学校教育属于正规教育，是有目的、有组织、有计划，由专职人员承担的，以影响入学者的身心发展为直接目标的全面系统的训练和培养活动。学校开展科普教育，是以班级为单位，以教师为主导，以教材为依据，以听、视、讲为手段，在固定的时间就特定内容对特定数量的学生所进行的理性教育。因此，学校科普教育是基于自然、物理、化学、地理等学科进行的基础知识学习，在教育形态上，有着严密的组织结构和制度，有稳定的场所、教育者、教育对象和教育程序，专门性和稳定性较强；在教育内容上，注重完整知识体系的构建，符合青少年的认知规律，更具连续性和系统性；在教育手段上，学校科普教育主要为以教师、课本和课堂为中心，以传统讲授为主的教育模式，形式相对单一。

博物馆教育属于社会教育的范畴，在开展青少年科普教育过程中具有直观性、多样性、互动性等特点。藏品是博物馆最独特的教学素材，"以物证史"是博物馆教育的

特色。有研究表明，通过观察实物获取的信息比阅读文字获得的信息印象要更加深刻，那种好奇、新鲜、刺激的感受会在此后长时间内被观察者回忆起来并重复使用。博物馆科普教育是基于实物的探究式学习，形象的展品让抽象知识变得更加立体生动。除了藏品和展览之外，博物馆还有真实有趣的场馆环境和科普设施，丰富的文化资源、信息资源、科普价值等，为青少年带来更加广阔的科普活动场所，更加多元的科普教育内容。博物馆科普教育的形式更注重互动性和体验性，一般通过展厅参观、实物演示、实验操作、模型制作等方式提高科普教育的趣味性和亲和力，让青少年以相对放松的方式，主动、快乐地获取知识。

二、馆校合作开展青少年科普教育的思路探析

馆校合作是指博物馆等文化场馆与学校为了共同的教育目的，面对共同的教育对象而共同承担、相互协作开展的学习活动。加强博物馆与学校之间的合作，能促使双方更好地发挥各自的教育职能，形成差异化互补，并且可以对博物馆综合资源进行有效利用，对学校基础学科进行充实和完善，对在校学生拓展学习环境、提升综合素质具有重要意义。

（一）建立成熟稳定的馆校合作机制

以学生到博物馆参观、博物馆进校园宣传为主的馆校合作模式较为常见，但参观时人数较多、方式单一，容易出现"走马观花"式学习；而进校园开展的大多是临时性、零散性科普活动或讲座，与课堂教育脱节，导致馆校合作缺乏持续性且合作不深入。博物馆和学校应建立成熟稳定的长效合作机制，同时教育行政管理部门要作为馆校合作的发起者、激励者和评估者，他们的大力支持和政策推进，会让馆校合作事半功倍，资源共享渠道和沟通平台的搭建也会更加便捷通畅。博物馆和学校可通过签订共建协议、建立第二课堂等形式进行长期合作，在合作项目开发上要和校本教学进行深度融合，并建立完善的效果评估和沟通反馈机制，保障馆校合作常态化开展。

（二）形成博物馆与学校的双向联动

馆校合作过程中，博物馆和学校分别扮演着"供给方"和"消费者"的角色，依靠博物馆单方面的规划主导，难以激发学校的合作热情。博物馆有实物资源，学校有教学经验，二者应为了普及科学知识、提高青少年科学素质这一共同目标通力协作、双向联动。博物馆开发的青少年科普教育项目应以需求为导向，要符合青少年认知规律和学校教学需要，还要有学生喜闻乐见的教育形式，且利于馆内、馆外实施，有效衔接学校课堂教学和课后服务需求。学校也应将博物馆科普资源与课程设置、教学计

民族地区科普实践与探索

划和综合实践活动实施有机结合，构建中小学生利用博物馆学习的长效机制。双方要充分发挥自身功能，进行资源共享和互补，共同研发科普教育产品，实施科普教育活动，以提升青少年科普教育效果。

（三）加强馆校结合信息化建设

在互联网交互融合的大背景下，馆校合作要在理念上不断创新，在技术上与时俱进，依托大数据了解学生需求，从而在开发科普教育项目时更能契合学生特点，更具科学性和针对性。博物馆还可以充分利用微信、微博等平台推送科普内容，让师生随时了解展览信息、活动资讯，提供馆校合作科普教育活动的预约服务等，保障学生与教育人员互动的及时性。同时，可加强对博物馆线下资源的深度挖掘和创造性转化，通过云直播、短视频、微课等形式进行线上科普教育，打破时空限制，构建均等化、广覆盖的科普教育网络。

（四）培养复合型科普教育人才

教育人员是馆校教育资源研究、开发和实施的一线人员，也是科普教育队伍的主力军。加强博物馆教育人员和学校教师的合作交流有助于馆校合作理念的统一，有利于科普教育人才培养和队伍建设。应建立规范化、常态化的科普教育人员培训体系和有效的激励机制，博物馆教育人员可以帮助学校教师熟悉馆藏资源，了解博物馆"研究性学习""发现式学习"的理念和做法，提供项目策划和实践操作方面的指导，而学校教师可以帮助博物馆教育人员熟悉教学计划、教育目标和学科知识，了解教学语言的使用、教学资源的编排、学生特点的分析和教学行为的实施，这能为馆校深度合作开展青少年科普教育、壮大人才队伍提供人力支持。

三、"行走中的博物馆"项目实践

"行走中的博物馆"是内蒙古博物院开展青少年科普教育的重要项目，已与呼和浩特市新华小学、苏虎街实验小学等多所学校建立长期合作机制，遵循"重体验、重参与、重过程"原则，将博物馆资源与学校教学内容、青少年认知特点相结合，开发了一系列科普课程。"行走中的博物馆"有明确的课程目标、完善的教辅材料、丰富的教具与教育包、多样的课程形式和有效的课程评估，形成了科学、规范、系统的博物馆科普课程体系。

（一）确定主题和对象

"行走中的博物馆"科普课程在主题的选择上结合馆藏资源和学校科普学科内容，

以内蒙古博物院"远古世界""亮丽内蒙古""草原神舟"展厅为主线，对标中小学科学、地理、生物等学科教材，围绕动植物资源、生态环保、航天科技等主题进行课程开发，强调科学性、知识性、探究性、互动性、趣味性。内蒙古博物院将青少年划分为学龄前、小学低年级、小学高年级、初中、高中和特殊教育六类，在课程目标、内容、教学方式、难易程度上进行分众化实施，形成逐层递进的分段科普课程体系。

（二）组建团队

"行走中的博物馆"课程策划和实施团队由博物馆教育人员和学校教师共同构成。双方经过多次沟通了解彼此需求，总结了馆校科普资源和教育优势，共同梳理了青少年科普教育知识点来开发科普课程。教学方案、学习单等教学资料的编写，演示模型、教育包等教具的制作，互动游戏、科学实验、手工制作等实践环节的设计，都是学校和博物馆双向互动与合作的过程。

（三）明确目标

科普课程开发的首要环节是确定教育目标，要实现知识、能力、情感态度价值观目标的逐层递进，不仅要普及科学知识，更要培养创新精神和实践能力，引导学生主动探究、积极思考，增进学生对自然、科学的热爱，激发学生科学兴趣和情感共鸣。以"瀚海之歌：内蒙古沙漠生态环境中的植物"课程为例，知识目标是让学生了解沙漠生态环境特征和沙漠地区植物特性；能力目标是让学生通过模拟沙尘暴实验得出结论，自主分析和总结沙漠植物的重要性及沙尘暴带来的危害；情感态度价值观目标是激发学生热爱自然、保护自然的意识。

（四）内容与形式设计

"行走中的博物馆"在内容设计上将零散的文物信息和碎片化的知识点进行整合，形成系列化、专题化课程，并且已开发实施自然、科技两类课程共20余门，自然类课程下设"远古世界的居民：三叶虫"等远古生物专题、"鹿友汇：内蒙古森林生态环境中的鹿"等现生动植物专题、"壮美北疆：发现内蒙古地貌"等生态环保专题；科技类课程下设"火箭的秘密"等航天专题、"凝固的时间：青铜牌饰制作"等科普专题。在形式设计上更加灵活多样，低年级课程注重启发与引导，通过游戏、讲故事、情景剧表演等方式创设情境、引出主题；高年级课程将知识和体验结合，采用联想类比、科学实验等形式发散思维、培养能力。此外，实物展示、教具演示、模型制作等都能带来更直观的感官体验，让学生在尝试、体验中获取直接经验，加深对课程内容的理解。

（五）课程实施

"行走中的博物馆"定期走进学校开展科普课程，以及在博物院展厅和学校课堂穿插授课。内蒙古博物院开出"课程菜单"，由学校"自助点餐"，每个学校每周开展一节博物馆科普课程。在课程实施过程中，博物院教育人员进行授课，学校教师对其进行辅助。此外，"行走中的博物馆"还将线下课程网络化，进行实时直播授课，多个班级可以共享课程，或提前录制视频课程，鼓励学校教师个性化授课。

（六）评价与反馈

定向采集反馈与评价信息是衡量科普教育效果的关键，对课程的提升完善有指导性作用。课程评估要从智力技能、认知策略、语言信息、运动技能和情感态度五个方面进行评价。通过问卷、网络、访谈等形式进行调查分析，了解学生喜欢的科普课程、感兴趣的科普内容、乐于接受的授课形式、课后的收获与感想等，了解校方对科普课程的意见与建议。授课教师也要进行自我评价，总结课程实施的重点、难点及解决策略等。根据评估和反馈信息及时调整课程内容与设计方案，保证馆校之间持久有效的合作关系。青少年科普教育是推进科技创新、提升全民科学素质的基础环节，而肩负着传承文明薪火重任的博物馆应该责无旁贷地担负起这个重任，充分发挥馆校合作视角下科普教育的价值，实现博物馆青少年教育资源与学校教育的有效衔接，让博物馆成为青少年触摸历史、感悟文明、收获知识、享受发现的乐园。

有益有趣 这样的科普更抵人心

谢慧变

（新疆日报社）

"咦，这儿为什么还有件衣服？""这件衣服的原材料来自鲸鱼……"2023 年 4 月 29 日，在新疆科技馆举办的"鲸奇世界"主题展览上，面对六年级学生刘依彤的疑问，科技辅导员宁梓宇随即展开了一场关于鲸鱼的科普讲解。

类似的科普场景如今在新疆田间地头、工厂车间等地随处可见。2020 年第十一次中国公民科学素质抽样调查结果显示，新疆公民具备科学素质的比例达 7.52%，比 2015 年提高了 3.55 个百分点，新疆公民科学素质水平已进入稳步发展阶段。

党的二十大报告提出，要"加强国家科普能力建设""培育创新文化，弘扬科学家精神，涵养优良学风，营造创新氛围"。科技创新、科学普及是实现创新发展的两翼。在新疆，科普如何更抵人心，如何厚植创新发展的沃土？记者对此进行了采访。

一、深入田间，奔着需求讲科普

2023 年 5 月 3 日，新疆维吾尔自治区哈密市伊州区五堡镇比地力克村村民木塔力

青少年科技教师代表正在参加科学工作坊活动

甫·司马义早早来到哈密瓜地里，看着日渐繁盛的瓜苗，满脸都是笑意。

就在两周前，受高温天气影响，他家地里的哈密瓜瓜苗部分叶片出现枯黄的情况。值得庆幸的是，在新疆农业科学院哈密瓜研究中心研究员张永兵的指导下，木塔力甫·司马义严格控制膜内温度，瓜苗又逐渐泛绿，越长越壮。"自己的经验容易跑偏，还是得多听听专家的建议，科学种植最靠谱。"木塔力甫·司马义感慨不已。

在民丰县安迪尔乡，村民们有着和木塔力甫·司马义同样的感受。

这里的村民世代种植安迪尔甜瓜，种植方法几乎全靠祖祖辈辈传下来的经验。2011 年开始，安迪尔甜瓜暴发蔓枯病，先是叶子发黄，随后大面积枯死。从那以后，很多村民开始减少种植面积。

2017 年，新疆维吾尔自治区科学技术协会（以下简称"新疆科协"）驻安迪尔乡"访惠聚"工作队邀请专家深入田间地头，为甜瓜种植"把脉问诊"。在专家的指导下，村民们尝试种植晚甜瓜，并坚持科学种植管理，使安迪尔甜瓜恢复了生机。由此，安迪尔甜瓜成为当地村民收入的主要来源之一。

"科普不仅是普及科学知识，对农牧民而言，还要改变他们的固有观念，树立科学种植养殖理念，并从中获益。"新疆科协党组书记、副主席王光强说。

2023 年 4 月，新疆科协和新疆维吾尔自治区乡村振兴局联合组建 35 个脱贫县产业顾问组，支持脱贫县产业发展。

新疆科协农村专业技术服务中心主任魏立群介绍，产业顾问组是奔着 35 个脱贫县产业发展中最迫切需求成立的，旨在汇聚专家资源，解决产业发展中的"卡脖子"问题，真正实现科技助力产业发展。

奔着需求进行科普是新疆科普工作一直以来遵循的原则和方法。新疆科协充分发挥联系广大科技工作者的桥梁纽带作用，依托"百会万人下基层""文化科技卫生'三下乡'""科技之冬"等品牌活动，组织动员全区科技工作者奔赴田间地头，普及科学知识，传授科学种植养殖方法，通过技术带动农牧民增收致富。

二、丰富形式，让内容更接地气

"受众观看一个短视频的黄金停留时间仅有 5 秒，5 秒内能够抓住受众眼球，他就会继续观看……"2023 年 4 月 20 日，在首届新疆维吾尔自治区科普能力提升培训班上，新疆维吾尔自治区团委宣传部干部杨宏向全疆数百名科普工作者讲解科普类短视频的开发制作。

"在当前传播媒介多元化发展的背景下，通过什么样的方式、传播什么内容才能让科普直抵人心？"这是新疆科技发展战略研究院副研究员杨倩一直思考的问题。

在这样的背景下，新疆维吾尔自治区科技厅举办了首届科普能力提升培训班。此次培训班围绕《关于新时代进一步加强科学技术普及工作的意见》进行解读，围绕新时代条件下科普基地、科普场馆如何更有效地发挥作用，以及科普类短视频的开发制作等内容展开。

"科普传播得让群众喜闻乐见才能达到传播目的。"杨倩说，"当前自媒体的发展对科普工作者提出了更大挑战，希望通过培训为大家提供思路和借鉴。"

2022年，新疆维吾尔自治区人民政府办公厅印发《自治区全民科学素质行动规划纲要实施方案（2021—2025年）》，明确实施五大工程，而科普信息化提升工程位列其中。该方案明确指出，要加大对数字图书、动漫、短视频、游戏类优秀原创科普作品扶持和奖励力度；支持单位、社会机构、个人汲取中华文化积淀，开发贴近新疆实际、贴近群众生活的网络科普资源。

2023年4月，新疆科协启动"讲科学、爱科学、学科学、用科学"科学文化宣传活动，与15家单位达成合作意向，计划3年内完成20个科学栏目内容的开发制作，着力解决宣传什么和怎么宣传的问题。

王光强认为，科学文化传播是提高全民科学文化素质的重要方式，只有充分利用多种信息化手段，凝聚全社会的力量共同参与，才能在全社会真正形成讲科学、爱科学、学科学、用科学的良好氛围，现代文明理念才能真正深入人心。

三、创新机制，动员更多科学家参与科普

"吃素就不会得脂肪肝""孩子生病后打针比吃药好得快"……这是2023年3月，"典赞·2022科普中国"揭晓盛典中提到的十大科学辟谣榜里的内容。

这十条谣言和我们的日常生活息息相关。在获取知识如此便捷的信息时代，谣言为何依然肆虐，并对公众生活产生影响。

杨倩认为，这些谣言的传播一方面说明我们科普工作存在短板，另一方面也说明伪科学的内容正在以某种方式吸引着公众的眼球。

"坏了的梨能不能吃？一般我们认为还可以吃，但自从看过一则通过科学实验证明坏梨子不能吃的短视频后，我就再不吃了。"杨宏在接受记者采访时说。在显微镜下，梨的剖面上有数以万计的细菌，画面冲击感很强，大家看完就深深刻在脑海里了。

"事实上，科普是需要全社会参与的公益性事业，我们需要更多科研工作者参与科普。"杨倩认为，"科研人员有专业的知识储备，科学家讲科普比科普讲解员更专业、更有广度和深度，能够满足公众对科学知识的需求。"

石河子大学化学化工学院教授刘志勇从2019年开始从事科普工作。在他看来，只

有将晦涩难懂的化学知识讲得有趣，才能激发更多青少年对科学产生兴趣，这也是他一直追求的目标。"科学知识服务社会才有意义，科普就是科学指导生活的过程，在提升大众科学认知的同时，也为下一代播下科学的火种。"刘志勇说，"希望能有更多的科研工作者走近大众，参与科普。"

杨倩建议，新疆综合创新能力和其他省份相比存在差距，因此对科研人员从事科普的需求也更加迫切。并且，应该有更加具体的举措鼓励新疆科研人员主动参与科学传播工作，这样不仅可以提升新疆全区公民科学素质，也能够为科技创新营造更好的氛围。

新疆科协工作综述

——科普惠民　让知识传遍天山南北

左永江　桑格林

（新疆日报社）

新疆科协坚持重点工作项目化、清单化，克难攻坚，接力奋进，办成了一批大事、好事，圆满完成了各项目标任务。新疆科普工作硕果累累，正在向着下一个新征程踔厉奋发。

参天之木，必有其根；怀山之水，必有其源。科普是关乎国家发展和民族兴盛的基础性工作。多年来，新疆科协充分发挥科普主力军作用，着力夯实公民科学素质这个科技创新之"根"、科技进步之"源"，不断丰满"科普之翼"，为全力推动新疆经济社会高质量发展贡献力量。

一、攥指成拳，构建大科普格局

科普是全社会共同的事业，只有集聚力量，才能打出漂亮的"组合拳"。新疆科协第八次代表大会召开以来，切实加强组织协调，推动形成"党委领导、政府推动、部门协调、全民参与"的大科普格局；深入实施新疆科协"六大行动"和"南疆科普专项行动""脱贫攻坚专项行动"，切实做好常态化疫情防控条件下线上科普工作，统筹凝聚力量，扎实推进南疆科普行动，突出抓好科技助力脱贫攻坚和提升全民科学素质两大重点任务，为全面建成小康社会、打赢脱贫攻坚战，为实现新疆社会稳定和长治久安总目标贡献力量。

新疆科协组织动员各地、各成员单位以"做好群众工作，服务各族群众"为目标，围绕保护生态、节能减排、环境治理、保障健康、食品安全、应急避险、防灾减灾、安全生产等公众关注的热点问题，在科技活动周、科技工作者日、文化科技卫生"三下乡"等活动期间，持续开展线上线下科普活动，不断打造科普活动品牌影响力。

2016年起，新疆科协依托"科学大讲堂"活动平台充分发挥人才优势，组织老科技工作者赴南北疆开展基层科普宣讲1500余场，受众人数达百万人次。同时，以科普大篷车为载体，在南北疆农村、学校开展"科学普及基层行"系列活动 650 余场，惠及各族群众 40 万余人次；联合中国科学院新疆生态与地理研究所共同打造新疆首档科学文化讲坛类节目《天山论道》，进一步提高各族群众科学素质。

二、传播提速，打通科普"最后一厘米"

要想形成规模宏大、富有生机、社会化的大科普格局，必须迈开步伐，紧跟时代，启动科学传播"加速器"。新疆科协大力推进科普信息化，打通科普惠民的"最后一厘米"，让群众轻易就能获取科技知识。

修建一条"科普高速公路"。新疆科协充分利用各类网络新媒体平台，提升科学传播实效。2019 年基本实现"科普中国 e 站"在新疆覆盖至少 90% 的学校、60% 的社区和 30% 的乡村；建立整合本地学会（协会、研究会）、高校科协、企业科协、科研院所等专家力量的科学传播体系，使线上线下相结合的科普传播渠道初步形成，拓展了科普信息覆盖的人群和范围；切实推进信息化平台建设，强化科普服务能力；建设"科创中国·新疆中心"、科普新疆服务平台及新疆青年科技奖、新疆科学技术普及奖、新疆自然科学优秀学术论文奖等各类业务系统。

建设一支"科普快递员队伍"。2019 年起，新疆科协开展科学传播专家评选工作，聘任科学传播专家 200 余名；2020 年，组织实施科技志愿服务"智惠行动"，不断壮大科技志愿服务队伍，全疆注册科技志愿者近 2 万人、科技志愿服务组织近千个。全疆基本形成了以科技工作者、科技辅导员、专业技术人员和乡土人才、科普志愿者等组成的专群结合、专兼结合、相对稳定的科普人才队伍。

三、精准滴灌，服务百姓美好生活

科普是惠及民生的工程，只有俯下身子，服务人民，才能画出最大的"同心圆"。新疆科协坚持需求导向，加快科普供给侧结构性改革，推动科普从"大水漫灌"到"精准滴灌"的转变。

扶贫先扶智，着力抓好科技培训及科普宣传。"十三五"以来，新疆科协累计向示范区、县、乡、村推广各类万亩以上作物品种（系）150 余类；示范推广各类作物综合或单项栽培技术 100 余项；举办各类培训班、观摩会、培训会等近 2 万场次，培训基层专业技术人员、专业大户、企业、农牧民近 220 万人次，发放各类技术宣传资料 90 万份。

夯实科普基础设施建设，打造家门口的科技馆。新疆科协积极推动基层科普场馆规划及建设，截至 2022 年，新疆已建成科技馆 29 家；流动科技馆巡展走遍天山南北，覆盖新疆 14 个地（州、市）、105 个县（市、区），121 辆科普大篷车累计行程超过 210 万千米。新疆各地利用科技馆、流动科技馆、科普大篷车等广泛开展形式多样的科普活动，基层科普服务覆盖面进一步扩大。